令人谈之色变的地震灾害

王子安◎主编

U0211005

汕头大学出版社

图书在版编目（ＣＩＰ）数据

令人谈之色变的地震灾害 / 王子安主编. -- 汕头：
汕头大学出版社，2012.5（2024.1重印）
ISBN 978-7-5658-0820-3

Ⅰ．①令… Ⅱ．①王… Ⅲ．①地震灾害－普及读物
Ⅳ．①P315.9-49

中国版本图书馆CIP数据核字(2012)第097952号

令人谈之色变的地震灾害　　　LINGREN TANZHI SEBIAN DE DIZHEN ZAIHAI

主　　编：王子安
责任编辑：胡开祥
责任技编：黄东生
封面设计：君阅天下
出版发行：汕头大学出版社
　　　　　广东省汕头市汕头大学内　邮编：515063
电　　话：0754-82904613
印　　刷：唐山楠萍印务有限公司
开　　本：710 mm×1000 mm　1/16
印　　张：12
字　　数：70千字
版　　次：2012年5月第1版
印　　次：2024年1月第2次印刷
定　　价：55.00元
ISBN 978-7-5658-0820-3

版权所有，翻版必究
如发现印装质量问题，请与承印厂联系退换

前　言

　　这是一部揭示奥秘、展现多彩世界的知识书籍，是一部面向广大青少年的科普读物。这里有几十亿年的生物奇观，有浩淼无垠的太空探索，有引人遐想的史前文明，有绚烂至极的鲜花王国，有动人心魄的考古发现，有令人难解的海底宝藏，有金戈铁马的兵家猎秘，有绚丽多彩的文化奇观，有源远流长的中医百科，有侏罗纪时代的霸者演变，有神秘莫测的天外来客，有千姿百态的动植物猎手，有关乎人生的健康秘籍等，涉足多个领域，勾勒出了趣味横生的"趣味百科"。当人类漫步在既充满生机活力又诡谲神秘的地球时，面对浩瀚的奇观，无穷的变化，惨烈的动荡，或惊诧，或敬畏，或高歌，或搏击，或求索……无数的探寻、奋斗、征战，带来了无数的胜利和失败。生与死，血与火，悲与欢的洗礼，启迪着人类的成长，壮美着人生的绚丽，更使人类艰难执着地走上了无穷无尽的生存、发展、探索之路。仰头苍天的无垠宇宙之谜，俯首脚下的神奇地球之谜，伴随周围的密集生物之谜，令年轻的人类迷茫、感叹、崇拜、思索，力图走出无为，揭示本原，找出那奥秘的钥匙，打开那万象之谜。

　　在所有的自然灾害中，地震是对人类生存威胁最大的灾害之一。在全世界所有自然灾害造成的人员伤亡中，地震占据了一半以上，是名副其实的"群灾之首"。即便是在科技发达的今天，人们对于地震的恐惧还是有增无减。

我国是一个震灾严重的国家，具有地震频度高、强度大、震源浅、分布广等特点。20世纪以来，我国因地震造成的死亡人数占全部因自然灾害死亡人数的50%以上，1920年的海原8.5级地震和1976年的唐山7.8级地震，都曾使罹难人数超过20万，是名副其实的灾害之首。2008年5月12日，四川省汶川县又发生7.8级强震，再次给人民群众的生命财产带来重大损失。

知震才不会恐震，只有全面了解地震，正确对待地震，掌握自我防护的基本知识，才能正确掌握自我防护的基本知识，才能在地震发生时最大限度地减少损失。我们相信，只要我们万众一心，坚定信心，同舟共济，众志成城，一定能够最大限度地减轻地震灾害。

《令人谈之色变的地震灾害》一书主要分为六大章节，第一章主要是对地震知识的概要介绍，涵盖有关地震的基本概念，如震级与地震烈度等；第二章阐述的是地震的产生与危害；第三章主要介绍了地震的几大类型，包括构造地震和火山地震等；第四章叙述的是地震带的分布状况；第五章则介绍了地震的预测；第六章叙述的是有关地震的防救知识。

本书通俗易懂，把地震学的基础知识和相关的知识介绍得系统而全面，对提高读者自身的自然科学修养大有裨益。此外，本书为了迎合广大青少年读者的阅读兴趣，还配有相应的图文解说与介绍，再加上简约、独具一格的版式设计，以及多元素色彩的内容编排，使本书的内容更加生动化、更有吸引力，使本来生趣盎然的知识内容变得更加新鲜亮丽，从而提高了读者在阅读时的感官效果。

由于时间仓促，水平有限，错误和疏漏之处在所难免，敬请读者提出宝贵意见。

2012年5月

目　录

第一章　地震知识概要

第二章　地震的产生与危害

第三章　地震的类型

令人谈之色变的
地震灾害

第四章　地震带的分布状况

第五章　地震的预测

第六章　地震的防救知识

第一章

地震知识概要

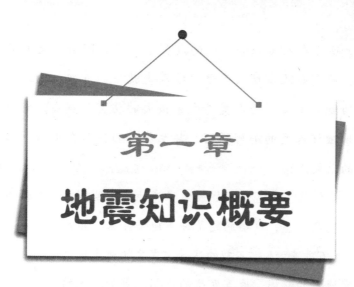

地震在人类社会前进的过程中总是伴随着人类的的全过程，地震每次造访人类都要给人类就下刻骨铭心的记忆，地震所到之处必将给人类造成了极大的伤害和损失，它频频疯狂地破坏人类的美好家园，甚至严重的会给人类留下家破人亡的巨大阴影。

　　如何认识地震，怎样最大限度地减少地震给人类造成巨大的损失及危害，这些问题是许多地质学家们迫切想知道的。于是，千百年来，人们不断的从每次发生的地震中总结经验、规律，研究地震的起因，地震发生的机制，更加深入的了解地震的相关知识，从而，人们在长期的经历中总结了不少的地震前兆知识，以便做好防震准备工作。但是，仅仅这些还是不够的，从真正意义上了解地震的相关知识还需要地质学家们的不懈努力才能完成。因此，目前，全面深入研究地震的成因及其相关内容，是地质学研究方面的一个十分重要的课题。

地震概述

大自然总会时不时的给人类造成一定的麻烦，会给人类带来难以想象的巨大灾难，让人类措手不及。在所有的自然灾害中，地震是对人类生存威胁最大的灾害之一。在全世界所有自然灾害造成的人员伤亡中，地震占了一半以上，所以地震是名副其实的"群灾之首"。即便是在科技发达的今天，人们对于地震的恐惧感还是有增无减的。

地震又称地动、地振动，是地壳快速释放能量过程中造成振动，期间会产生地震波的一种自然现象。地震主要分为构造地震和火山地震两大类。构造地震约占地震总数的90%以上，火山地震约占地震总数的7%。此外，某些特殊情况下也会产生地震，如岩洞崩塌（陷落地震）、大陨石冲击地面（陨石冲击地震）等。人工地震则是由人为活动引起的地震，如工业爆破、地下核爆炸造成的振动；在深井中进行高压注水以及大水库蓄水后增加了地壳的压力，有时也会诱发

地震。

地震波发源的地方，叫作震源。震源在地面上的垂直投影，叫作震中。震中及其附近的地方称为震中区，也称极震区。震中到地面上任一点的距离叫震中距离（简称震中距）。目前有记录的最深震源达 720 千米。破坏性地震一般是浅源地震。如 1976 年的唐山地震的震源深度为 12 千米。地震时，在地球内部出现的弹性波叫作地震波。这种情形就像是有人把一块石子投入水中时，水波会向四周一圈一圈地扩散一样。

地震波通常分为纵波和横波两种。纵波（P 波）是指振动方向与传播方向一致的波。来自地下的纵波引起地面上下颠簸振动。横波（S 波）是指振动方向与传播方向垂直的波。来自地下的横波能引起地面的水平晃动。横波是地震时造成建筑物破坏的主要原因。由于纵波在地球内部传播速度大于横波，所以地震时纵波总是先到达地表，而横波总落后一步。这样，发生较大的地震时，一般人们先

感到上下颠簸，过数秒到十几秒后才感到有很强的水平晃动。纵波通常给我们做一个警告的提示，它告诉我们造成建筑物破坏的横波马上要到了，提示人们尽早做好防震准备。

地震灾害具有突发性、不可预测性以及发生频度较高等特点，因此，它对生命、社会、经济、财产等各个方面都会产生极大影响。通常情况下，地震灾害可分为直接灾害与次生灾害两大类。

直接灾害是由地震的原生现象如地震断层错动，以及地震波引起的强烈地面振动所造成的灾害。主要有地面破坏（如地面裂缝、塌陷、喷水冒砂等）；建筑物与构筑的的破坏（如房屋倒塌、桥梁断落、水坝开裂、铁轨变形等）；山体等自然物的破坏（如山崩、滑坡等）；海啸（海底地震引起的巨大海浪冲上海岸，可造成沿海地区的破坏）；地光烧伤（虽不常见，但我国海域、唐山等地震均有此例）等。

次生灾害是直接灾害发生后，破坏了自然或社会原有的平衡、稳定状

态，从而引发出的灾害。有时，次生灾害所造成的伤亡和损失比直接灾害

还大。主要的次生灾害有火灾（由震火源失控引起）；水灾（由水坝决口或山崩壅塞河道等引起）；煤气泄露（由建筑物或装置破坏等引起）；瘟疫（由震后生存环境的严重破坏而引起）等。

地震作为一种自然现象，它本身并不等同于地震灾害，就像下雨不等于水灾，刮风不等于风灾一样。也就是说，地震只在一定条件下才造成灾害。地震波引起地面强烈振动，造成建筑物倒塌或某些自然物崩塌（如山崩），并由此危及人身安全和带来经济损失，这是地震造成的最主要灾害，也是最常见的灾害。因此，地震是否造成灾害以及影响灾害程度的主要因素，是地震本身的状况和地震发生的地点。

地震本身的状况，如地震的强度等，较强的地震才有破坏力。一般而言，中强以上地震便可造成破坏，但

破坏的轻重还与震源深度、地震类型、地震发生时间等多种因素有关。地震发生的地点，如果一次强烈地震发生在渺无人烟的高山或荒漠，它对人类便不会造成什么影响。一般说来地震发生的地方，人口越稠密，经济越发达，其人员伤亡和经济损失越大。由于大陆地区是人类的主要生息地，因此，占全球15％的陆地内部地震所造成的人口死亡竟占全球地震死亡人数的85％，这样的情况已经是非常严重的了。

随着人类认知水平的不断提高，人们对于地震的形成过程也产生了许多丰富的想象，于是也便诞生了许多关于地震的神话故事。大约在12世纪，日本古历书上有所谓"地震虫"的描述。1710年，日本有书谈及鲶鱼与地震的关系时，认为大鲶鱼卧伏在地底下，背覆着日本的国土，当鲶鱼发怒时，就将尾巴和鳍动一动，于是造成了地震。我国古代对地震这一特殊灾害也有专门描述。民间流传着这样一个传说，地底下有一条大鳌鱼，

驮着大地，时间久了就要翻一翻身，于是大地就抖动起来，鳌鱼翻身就是地震了。此外，在我国西汉时期，董仲舒提出了"天人感应说"，他认为，天和人同类相通，相互感应，天能干预人事，人亦能感应上天。董仲舒把天视为至上的人格神，认为天子违背了天意，不仁不义，天就会出现灾异进行谴责和警告；如果政通人和，天就会降下祥瑞以鼓励。当然，在这里所指的"灾难"包括让人深感恐惧的地震。

当然，神话毕竟属于故事，并不具有科学性。随着科学的发展，人们对地震的认识从神话中走出来。古希腊的伊壁鸠鲁认为地震是由于风被封闭在地壳内，结果使地壳分成小块不停地运动，即风使大地震动而引起地震。随之出现了卢克莱修的风成说，即来自外界或大地本身的风和空气的某种巨大力量，突然进入大地的空虚处，在这巨大的空洞中，先是呻吟骚

20世纪初的时候，越来越多的科学家们开始对地震波进行深入的研究，这个时期对于地震科学及至整个地球科学来说是一个崭新的时期，为研究地震学掀开了新的一页。科学家相继提出了三大较有影响的假说：一是在1911年，由理德提出的"弹性回跳说"，他认为地球内部不断积累动并掀起旋风，继而将由此产生的力量喷出外界，与此同时大地出现深的裂缝，形成巨大的龟裂，这便是地震。再有亚里士多德提出，地震是由突然出现的地下风和地下灼热的易燃物体造成的。此外，还有很多的关于地震成因的说法。

的应变能超过岩石强度时产生断层，断层形成后，岩石弹性回跳，恢复原来状态，于是把积累的能量突然释放出来，引起地震；二是在1955年，由日本的松泽武雄提出的"岩浆冲击说"，这种观点是：地下岩石导热不均使部分岩石溶融体积膨胀，从而挤

然变化从而就发生了地震。

事实上，在我国，也有许多科学家在不断努力地探索着地震的奥秘。早在1800年以前，我国古代的人民就已经对地震有了比较深刻的认识与研究。公元132年，东汉科学家张衡发明了世界上第一架地震仪器——地动仪，并在实际应用中，得到了验证。遗憾的是，地动仪实物和图样失传，只留下了文字记载，实物下落何处就逐渐成了千古之谜。

在《续汉书》（司马彪）、《后汉纪》（袁宏）、《后汉书》（范晔）三部史书中均可找到关于张衡地动仪的记载。这些史料记述了地动仪的外观，内部结构，工作过程，以及验震情况。

在随后的漫长岁月里，古今中外，许多人都试图复原地动仪，但是，始终没有成功的复原模型出现，大多数都处于概念模型阶段，或者与史书不符，或者复原的实物模型不能正常工作。

其中，由我国考古学家王振铎先生，在1951年复原的模型，流传最广。

压围岩，导致围岩破例，因此就产生了地震；三是由美国学者布里奇曼提出的"相变说"，他认为地下物质在一定临界温度和压力下，从一种结晶状态转化为另一种结晶状态，体积突该模型由于存在原理性错误，不能正常工作，始终受到中外科学家们的质疑和否定。随着文物考古研究的深入，模型外观上的失误也显露出来。

2002 年以后，在中国地震局和国家文物局的支持下，成立了"张衡地动仪科学复原"课题组，由中国地震台网中心、清华大学美术学院、国家博物馆、北京机械工业自动化所、河南博物馆等多学科的专家组成。

该课题组建立了新的地动仪复原模型，实现了从概念模型到科学模型的跨越。

2005 年通过了专家鉴定和国家验收。

2008 年 8 月完成了定型模型的小型铸造。

迄今为止，人类对于地震之谜依然没有完全解开，但随着物理学、化学、古生物学、地质学、数学和天文学等多学科交叉渗透，随着航天监测技术、钻探技术、信息技术等高新技术的深入发展，我们相信地震科学将会取得长足进步，在今后的预测地震和抗御地震的能力方面将有很大程度的提高。

令人谈之色变的
地震灾害

地震基础知识

◆◆地 震

地球可分为三层。中心层是地核；中间是地幔；外层是地壳。地震一般发生在地壳之中。地壳内部在不停地变化，由此而产生力的作用，使地壳岩层变形、断裂、错动，于是便发生地震。但其发生占总地震7%～21%，破坏程度是原子弹的数倍，所以超级地震影响十分广泛，也是十分具破坏力。

地震是地球内部介质局部发生急剧的破裂而产生的震波，从而在一定范围内引起地面振动的现象。地震就是地球表层的快速振动，在古代又称为地动。它就像刮风、下雨、闪电、一样，是地球上经常发生的一种自然现象。大地振动是地震最直观、最普遍的表现。在海底或滨海地区发生的强烈地震，能引起巨大的波浪，称为

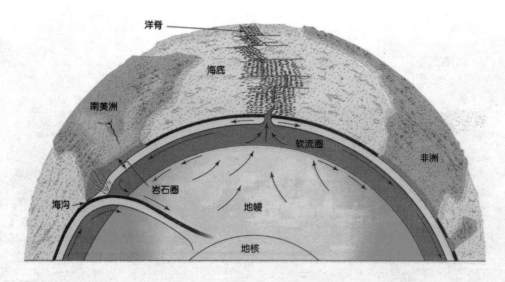

洋脊
海底
南美洲
软流圈
非洲
岩石圈
海沟
地幔
地核

海啸。地震是极其频繁的，全球每年发生地震约500万次。

地震波发源的地方，叫作震源。震源在地面上的垂直投影，地面上离震源最近的一点称为震中。它是接受振动最早的部位。震中到震源的深度叫作震源深度。通常将震源深度小于60公里的叫浅源地震，深度在60～300公里的叫中源地震，深度大于300公里的叫深源地震。对于同样大小的地震，由于震源深度不一样，对地面造成的破坏程度也不一样。震源越浅，破坏力越大，但波及范围也越小，反之亦然。

破坏性地震一般是浅源地震。如1976年的唐山地震的震源深度为12公里。

地震所引起的地面振动是一种复杂的运动，它是由纵波和横波共同作用的结果。在震中区，纵波使地面上下颠动。横波使地面水平晃动。由于纵波传播速度较快，衰减也较快，横波传播速度较慢，衰减也较慢，因此离震中较远的地方，往往感觉不到上下跳动，但能感到水平晃动。

当某地发生一个较大的地震时，

在一段时间内，往往会发生一系列的地震，其中最大的一个地震叫做主震，主震之前发生的地震叫前震，主震之后发生的地震叫余震。

地震具有一定的时空分布规律。

从时间上看，地震有活跃期和平静期交替出现的周期性现象。

从空间上看，地震的分布呈一定的带状，称地震带，主要集中在环太平洋和地中海－喜马拉雅两大地震带。太平洋地震带几乎集中了全世界80%以上的浅源地震（0千米～70千米），全部的中源（70千米～300千米）和深源地震，所释放的地震能量约占全部能量的80%。

超级地震指的是指震波极其强烈的大地震。

◆◆震 级

震级是指地震的大小，是表征地震强弱的量度，是以地震仪测定的每次地震活动释放的能量多少来确定的。震级通常用字母 M 表示。我国目前使用的震级标准，是国际上通用的里氏分级表，共分 9 个等级。通常把小于 2.5 级的地震叫小地震，2.5 ～ 4.7 级地震叫有感地震，大于4.7 级地震称为破坏性地震。震级每

相差 1.0 级，能量相差大约 30 倍；每相差 2.0 级，能量相差约 900 多倍。比如说，一个 6 级地震释放的能量相当于美国投掷在日本广岛的原子弹所具有的能量。一个 7 级地震相当于 32 个 6 级地震，或相当于 1000 个 5 级地震。

按震级大小可把地震划分为以下几类：

1. 弱震震级小于 3 级。有感地震震级等于或大于 3 级、小于或等于 4.5 级。

2. 中强震震级大于 4.5 级、小于 6 级。

3. 强震震级等于或大于 6 级。其中震级大于等于 8 级的又称为巨大地震。

◆◆◆地震烈度

同样大小的地震，造成的破坏程度不一定相同；同一次地震，在不同的地方造成的破坏也不一样。为了衡量地震的破坏程度，科学家又"制作"了另一把"尺子"——地震烈度。在中国地震烈度表上，对人的感觉、一般房屋震害程度和其他现象作了描述，可以作为确定烈度的基本依据。影响烈度的因素有震级、震源

深度、距震源的远近、地面状况和地层构造等。

一般情况下仅就烈度和震源、震级间的关系来说，震级越大震源越浅、烈度也越大。通常，一次地震发生后，

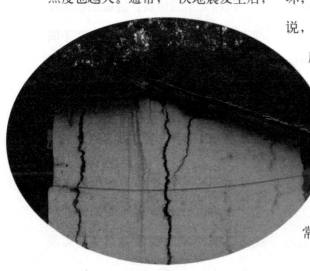

震中区的破坏最重，烈度最高；这个烈度称为震中烈度。从震中向四周扩展，地震烈度逐渐减小。所以，一次地震只有一个震级，但它所造成的破坏，在不同的地区是不同的。也就是说，一次地震，可以划分出好几个烈度不同的地区。这与一颗炸弹爆后，近处与远处破坏程度不同道理一样。炸弹的炸药量，好比是震级；炸弹对不同地点的破坏程度，好比是烈度。

例如，1990 年 2 月 10 日，常熟－太仓发生了 5.1 级地震，

有人说在苏州是 4 级，在无锡是 3 级，这是错的。无论在何处，只能说常熟－太仓发生了 5.1 级地震，但这次地震，在太仓的沙溪镇地震烈度是 6 度，在苏州地震烈度是 4 度，在无锡地震烈度是 3 度。

在世界各国使用的有几种不同的烈度表。西方国家比较通行的是改进的麦加利烈度表，简称 M.M. 烈度表，从 1 度到 12 度共分 12 个烈度等级。日本将无感定为 0 度，有感则分为 I 至 VII 度，共 8 个等级。前苏联和中国均按 12 个烈度等级划分烈度表。中国 1980 年重新编订了地震烈度表。

◆◆中国地震烈度表

1 度：无感　仅仪器能记录到。

2 度：微有感　个别特别敏感的人在完全静止中有感。

3 度：少有感　室内少数人在静止中有感，悬挂物轻微摆动。

4 度：多有感　室内大多数人，室外少数人有感，悬挂物摆动，不稳器皿作响。

5 度：惊醒　室外大多数人有感，家畜不宁，门窗作响，墙壁表面出现裂纹。

6 度：惊慌　人站立不稳，家畜

外逃，器皿翻落，简陋棚舍损坏，陡坡滑坡。

7度：房屋损坏　房屋轻微损坏，牌坊、烟囱损坏，地表出现裂缝及喷沙冒水。

8度：建筑物破坏　房屋多有损坏，少数破坏路基塌方，地下管道破裂。

9度：建筑物普遍破坏　房屋大多数破坏，少数倾倒，牌坊、烟囱等崩塌，铁轨弯曲。

10度：建筑物普遍摧毁　房屋倾倒，道路毁坏，山石大量崩塌，水面大浪扑岸。

11度：毁灭　房屋大量倒塌，路基堤岸大段崩毁，地表产生很大变化。

12度：山川易景　一切建筑物普遍毁坏，地形剧烈变化动植物遭毁灭。

例如，1976年唐山地震，震级为7.8级，震中烈度为十一度；受唐山地震的影响，天津市地震烈度为八度，北京市烈度为六度，再远到石家庄、太原等就只有四至五度了。

◆◆ **地震现象**

地震发生时，最基本的现象是地面的连续振动，主要是明显的晃动。

极震区的人在感到大的晃动之前，有时首先感到上下跳动。这是因为地震波从地内向地面传来，纵波首先到达的缘故。横波接着产生大振幅的水平方向的晃动，是造成地震灾害的主要原因。1960年智利大地震时，最大的晃动持续了3分钟。地震造成的灾害首先是破坏房屋和构筑物，如1976年中国河北唐山地震中，70％～80％的建筑物倒塌，造成了严重的人员伤亡。

此外，地震对自然界景观也有很大的破坏性。其造成的最主要后果是地面出现断层和地裂缝。大地震的地表断层常绵延几十至几百千米，往往具有较明显的垂直错距和水平错距，能反映出震源处的构造变动特征。但并不是所有的地表断裂都直接与震源的运动相联系，它们也可能是由于地震波造成的次生影响。特别是地表沉积层较厚的地区，坡地边缘、河岸和道路两旁常出现地裂缝，这往往是由于地形因素，在一侧没有依托的条件下晃动使表土松垮和崩裂。地震的晃

动使表土下沉，浅层的地下水受挤压会沿地裂缝上升至地表，形成喷沙冒水现象。大地震能使局部地形改观，或隆起，或沉降。使城乡道路坼裂、铁轨扭曲、桥梁折断。

在现代化城市中，由于地下管道破裂和电缆被切断会造成停水、停电和通讯受阻。此外，地震带来的煤气、有毒气体和放射性物质泄漏可导致火灾和毒物、放射性污染等次生灾害。在山区，地震还能引起山崩和滑坡，常造成掩埋村镇的惨剧。崩塌的山石堵塞江河，在上游形成地震湖。1923年日本关东大地震时，神奈川县发生泥石流，顺山谷下滑，远达5千米。

第二章
地震的产生与危害

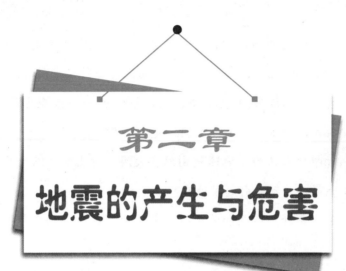

在古希腊的神话中，海神普舍顿就是地震神。南美还流传着支撑世界的巨人，每当他身子一动，就会引起地震的说法。

古代日本认为，日本岛下面住着大鲇鱼，一旦鲇鱼不高兴了，只要将尾巴一扫，于是日本就要发生一次地震。

古印度人认为，地球是由站在大海龟背上的几头大象背负的，大象动一动就引起了地震。

除此之外，埃及和蒙古也有关于地下住着动物在作怪的传说。

随着科学的进步，这些神话传说已经被做为故事留传下来，但并不能从真正意义上解开地震形成的原因，那么地震产生的原因究竟是什么呢？

……

地震产生的原因

简单地说，产生地震的原因主要有：地球各个大板块之间互相挤压，另外还有火山喷发。

地震的成因和地球深部结构有关，大陆新生代挤压区、拉张裂陷区和稳定大陆具有不同的地壳上地幔结构，与之相应的不同地区有不同的地震活动特征。人们推测在一些地震多发区的地壳下面存在着异常地幔或底辟地幔。在拉张盆地的上地壳中广泛分布着铲状断裂和大地震后地面大规模塌陷，表明地壳

上地幔中存在着垂直力源。因此，在盆地中分布和发生的地震很难用断层弹性回跳理论解释。

地震发生时，岩体快速破裂错动，机械能转换为动能，造成震灾。但大

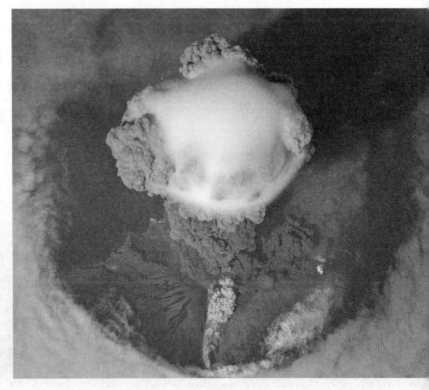

地震发生在 10 公里以下的地壳深处，岩石如何能快速移动呢？地下岩体的破裂错动既要克服粘接力，又要克服摩擦力。研究表明，地壳深处的应力值比岩石学实验室所需岩石破裂应力小 1～2 个数量级。处于高围压下的地壳介质，尽管存在裂纹，但磨擦力很大，裂纹不会扩展。只有存在流体，减少了磨擦，形成近似自由面，才能发生断裂现象。因此，探讨震源流体机制，流体的来源和分布是研究地震成因的关键。

影响地震灾害大小的因素

不同地区发生的震级大小相同的地震，所造成的破坏程度和灾害大小是很不一样的，这主要受以下因素的影响：

（1）地震震级和震源深度

震级越大，释放的能量也越大，可能造成的灾害当然也越大。在震级相同的情况下，震源深度越浅，震中

烈度越高，破坏也就越重。一些震源深度特别浅的地震，即使震级不太大，也可能造成"出乎意料"的破坏。

（2）场地条件

场地条件主要包括土质、地形、地下水位和是否有断裂带通过等。一般来说，土质松软、覆盖土层厚、地下水位高、地形起伏大、有断裂带通过，都可能使地震灾害加重。所以，在进行工程建设时，应当尽量避开那些不利地段，选择有利地段。

（3）人口密度和经济发展程度

地震，如果发生在没有人烟的高山、沙漠或者海底，即使震级再大，也不会造成伤亡或损失。1997 年 11 月 8 日发生在西藏北部的 7.5 级地震就是这样的。相反，如果地震发生在人口稠密、经济发达、社会财富集中的地区，特别是在大城市，就可能造成巨大的灾害。

（4）建筑物的质量

地震时房屋等建筑物的倒塌和严重破坏，是造成人员伤亡和财产损失最重要的直接原因之一。房屋等建筑

物的质量好坏、抗震性能如何，直接影响到受灾的程度，因此，必须作好建筑物的抗震设防。

（5）地震发生的时间

一般来说，破坏性地震如果发生在夜间，所造成的人员伤亡可能比白天更大，平均可达3至5倍。唐山地震伤亡惨重的原因之一正是由于地震发生在深夜3点42分，绝大多数人还在室内熟睡。如果这次地震发生在白天，伤亡人数肯定要少得多。有不少人以为，大地震往往发生在夜间，其实这是一种错觉。统计资料表明，破坏性地震发生在白天和晚上的可能性是差不多的，二者并没有显著的差别。

（6）对地震的防御状况

破坏性地震发生之前，人们对地震有没有防御，防御工作做得好与否将会在很大程度上影响经济损失的大小和人员伤亡的多少。防御工作做得好，就可以有效地减轻地震灾害损失。

地震的危害

据统计，地球上每年大约发生500万次地震，人们能够感觉到的有5万多次，破坏性地震约有18次。可以说，从古至今，地震就一直伴随人类社会前进的左右，并频频疯狂地破坏人类的美好家园——地球。

对地面破坏最大的地震是1964年的美国阿拉斯加大地震。当年3月27日是耶稣受难节，阿拉斯加最大的城市安克雷奇阳光明媚，市民们或在郊外野餐，或在海岸外扬帆航行，欢度着假日。大约在下午5时30分，许多人还在城外，一场大地震使安克雷奇城摇晃起来。震中位置在城东130千米左右的威廉王子湾，震动持续了4分钟。城市的主干道被一条宽50厘米的裂缝分成两半，一半下沉了约6米。阿拉斯加南海岸的悬崖滑入了海中。地震发生后，海啸随之而来，把一艘艘船只抛上了内陆深处。这次

8.4 级的阿拉斯加大地震，使地表水平位移最大达到 20 米，震源断层位移最大达到 30 米，被公认为当今地面破坏、地壳变动最大的地震。

然而令人惊奇的是，虽然经历了这样一次毁灭性的地震和洪水，但仅仅只有 131 人死亡，远比料想的要少。这是因为当天是假日，地震发生时街

震级最高的地震是 1960 年的智利大地震。当年从 5 月 21 日开始的一个月里，在智利西海岸连续发生了多次强烈地震，8 级以上的地震有 3 次，7 ~ 8 级地震有 10 次，其中 5 月 22 日发生的 8.9 级地震，成为迄今为止震级最高的地震。

这次世界地震史上罕见的地震过

上行人很少。尽管伤亡不大，但地震对安克雷奇乃至阿拉斯加仍造成了很大的经济损失。美国的阿拉斯加是地壳中最不稳定的"环太平洋地震带"的组成部分，很容易突然发生地震和火山喷发。

后，从智利首都圣地亚哥到蒙特港沿岸的城镇、码头、公用及民用建筑或沉入海底，或被海浪卷入大海，仅智利境内就有 5700 人遇难。地震后 48 小时引起普惠火山爆发。地震形成的海浪呼啸而至，袭击了夏威夷群岛。

海浪继续西进，8小时后4米高的海浪冲向日本的海港和码头。在日本岩手县，海浪把大渔船推上了码头，跌落在一个房顶上。这次海啸造成日本800人死亡，15万人无家可归。

引起最大火灾的地震是1923年的日本东京大地震。那年9月1日上午11时58分，伴随着一阵方向突变的怪风，地下发出了雷鸣般的恐怖巨响，大地剧烈摇晃起来，建筑物纷纷坍塌，同时引起了熊熊大火。这一古

老的城市木屋居多，街道狭窄，消防滞后，结果使东京遭受了毁灭性的破坏。大火整整烧了三天三夜，直至无可再烧，全城80%的死难者就惨死于震后的大火中，全城36.6万户房屋被烧毁。

火灾尚未停息，海啸引起的巨浪又接踵而来，摧毁了沿岸的所有的船舶、港口设施和近岸房屋。这次大地震摧毁了东京、横滨两大城市和许多村镇，死亡、失踪人数达14万之余，

受伤人数 10 多万，死亡人数比持续 19 个月的日俄战争（13.5 万）还多，财产损失达 28 亿美元，比日俄战争多 5 倍。这是现代地震史上，除我国海原地震和唐山地震之外，伤亡最多的一次震灾。

日本是一个多震灾的国家，其发生的大地震约占全世界地震总数的十分之一，这使得日本人民饱受地震之苦。1995 年 1 月 17 日发生在阪神的地震，与 1923 年的地震颇有相似之处。当天清晨 5 点 46 分，东方刚刚破晓，一向忙碌很晚的日本人大多还在睡梦中。突然，伴随一阵阵蓝光闪动，关西大地传出一种可怕的吼声，大地随之上下左右激烈地颠簸摇晃起来，几万栋房屋倾刻成了一片废墟，路面开裂，地基变形，铁道弯曲，列车脱轨，港口破

坏，拦腰折断的大楼倒下来将道路隔截，倾刻间一切都变得面目全非了。

地震引起的火灾将整个神户市上空映得通红，整座城市笼罩在一片恐

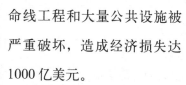

命线工程和大量公共设施被严重破坏，造成经济损失达1000亿美元。

死亡人数最多的地震是1556年的我国陕西华县大地震。据史书记载，1556年1月23日，今陕西华县发生8级地震。陕西关中地区，平原沃野，人口稠密，是我国古代文化发祥地之一。这次发生在关中东部华县的地震，死亡人数之多，为古今中外地震历史之罕见。据史料记载："压死官吏军民奏报有名者83万有奇，其不知名未经奏报者复不可数计"。这次地震重灾区面积达28万平方千米，分布在陕西、山西、河南、甘肃等省区；地震波及大半

怖之中。这次地震震级为7.2级，造成5466人死亡，3万多人受伤，几十万人无家可归，受害人数达140多万人，被毁房屋超过10万幢，生个中国，有感范围远达福建、两广等地。

这次地震人员伤亡如此惨重，其重要因素是由地震引起一系列地表破

坏而造成的。其中，黄土滑坡和黄土崩塌造成的震害特别突出，滑坡曾堵塞黄河，形成的堰塞湖致使河水逆流。当地居民多住在黄土高原的窑洞内，因黄土崩塌而造成巨大伤亡。地裂缝、砂土液化和地下水系的破坏，使灾情进一步扩大。这个地区的房屋抗震性能差，地震又发生在午夜，人们难有防备；震后水灾、火灾、疾病等次生灾害严重；当时陕西经常发生干旱、饥荒，人们没自救和恢复能力。这都是不可忽视的致灾原因。

◆◆唐山地震

近现代历史上最悲惨的地震是1976年的我国唐山大地震。唐山市地下的岩石突然崩溃、断裂，仿佛400枚广岛原子弹在距地面16千米处的地壳中猛然爆炸！唐山上空电光闪闪，惊雷震荡；大地上狂风呼啸。

在强烈的摇撼中，这座百万人口的工业城市顷刻间被夷为平地。随后，它被漫天迷雾笼罩着，石灰、黄土、煤屑、烟尘以及一座城市毁灭时所产生的死亡物质，混合成灰色的浓雾飘浮着，一片片、一缕缕、一絮絮地升起，像缓缓地悬浮于空中

的帷幔，无声地笼罩着这片废墟，笼罩着这座空寂无声的城市。死亡人数达 24 万之多，重伤人数达 16 万之多。直接经济损失高达 100 亿元人民币。人类将永远铭记历史的这个时刻，公元 1976 年 7 月 28 日，北京时间凌晨 3 时 42 分 53.8 秒。历史将永远铭记地球的这个坐标，东经 118.2 度，北纬 39.6 度。唐山大地震是迄今 400 多年世界地震史上最悲惨的灾难之一。

唐山大地震发生在深夜，市区 80% 的人来不及反应，被埋在瓦砾之下。极震区包括京山铁路南北两侧的 47 平方千米。区内所有的建筑物几乎都荡然无存。一条长 8 千米、宽 30 米的地裂缝带，横切围墙、房屋和道路、水渠。震区及其周围地区，出现大量的裂缝带、喷不冒沙、井喷、重力崩塌、滚石、边坡崩塌、地其沉陷、岩溶洞陷落以及采空区坍塌等。全市供水、供电、通讯、交通等生命线工程全部破坏，所有工矿全部停产，所有医院和医疗设施全部破坏。地震时行驶的 7 列客货车和油罐车脱轨。蓟运河、滦河上的两座大型公路桥梁塌落，切断了唐山与天津和关外的公路交通。市区供水管网和水厂建筑物、构造物、水源井破坏严重。开滦煤矿的地面建筑物和构筑物倒塌或严重破坏，井下

市和天津市受到严重波及。天津市发出房倒屋塌的巨响，正在该市访问的澳大利亚总理被惊醒，北京天安门广场的人民英雄纪念碑在颤动，天安门

生产中断，近万名工作被困在井下。3座大型水库和两座中型水库的大坝滑塌开裂，防浪墙倒塌。410座小型水库中的240座震坏。沙压耕地3.3万公顷，咸水淹地4.7万公顷。

整个华北大地在剧烈震颤，北京

城楼上粗大的梁柱发出断裂般"嘎嘎"的响声……在华夏大地，北至哈尔滨，南至安徽蚌埠、江苏清江一线，西至内蒙古磴口、宁夏吴忠一线，东至渤海湾岛屿和东北国境线，这一广大地区的人们都感到异乎寻常的摇撼。地

震破坏范围超过 3 万平方千米，有感范围广达 14 个省、自治区、直辖市，相当于全国面积的 1/3。

●●●汶川地震

（1）地震参数

2008 年 5 月 12 日 14 时 28 分 04.0 秒发生在纬度 31.0°N，经度 103.4°E 的四川省汶川县映秀镇的地震，震级为里氏震级 8.0 级，矩震级 7.9 级，地震深度为 14 千米，最大烈度为 11 度。

（2）历史背景

这次地震是中华人民共和国自建国以来影响最大的一次地震，震级是自 2001 年昆仑山大地震（8.3 级）后的第二大地震，直接严重受灾地区达 10 万平方公里。

（3）地震成因

印度板块向亚洲板块俯冲，造成青藏高原快速隆升导致地震。高原物质向东缓慢流动，在高原东缘沿龙门山构造带向东挤压，造成构造应力能量的长期积累，最终在龙门山北川－映秀地区突然释放。逆冲、右旋、挤压型断层地震。四川特大地震发生在地壳脆－韧性转换带，震源深度为 14 千米，持续时间较长，因此破坏

性巨大。

(4) 影响范围

此次地震受影响的范围包括震中50千米范围内的县城和200千米范围内的大中城市。北京、上海、天津、宁夏、甘肃、青海、陕西、山西、山东、河北、河南、安徽、湖北、湖南、重庆、贵州、云南、内蒙古、广西、海南、香港、澳门、西藏、江苏、浙江、辽宁、福建、台湾等地等全国多个省市有明显震感。中国除黑龙江、吉林、新疆外均有不同程度的震感外，其中以陕甘川三省震情最为严重。甚至泰国首都曼谷、越南首都河内、菲律宾、日本等地均有震感。

为表达全国各族人民对四川汶川大地震遇难同胞的深切哀悼，国务院决定，2008年5月19日至21日为全国哀悼日。在此期间，全国和各驻外机构下半旗志哀，停止公共娱乐活动，外交部和我国驻外使领馆设立吊唁簿。5月19日14时28分起，全国人民默哀3分钟，汽车、火车、舰船鸣笛，防空警报鸣响。在5月19日至 21 日全国哀悼日期间，北京奥运会圣火暂停传递。

（5）伤亡统计

全国各地伤亡汇总（截至 2008 年 10 月 8 日 12 时）

遇难：69229 人

受伤：374643 人

失踪：17923 人

（6）经济损失

这次汶川地震造成的直接经济损失 8451 亿元人民币。四川最严重，占到总损失的 91.3%，甘肃占到总损失的 5.8%，陕西占总损失的 2.9%。国家统计局将损失指标分三类，第一类是人员伤亡问题，第二类是财产损失问题，第三类是对自然环境的破坏问题。在财产损失中，房屋的损失很大，民房和城市居民住房的损失占总损失的 27.4%。包括学校、医院和其他非住宅用房的损失占总损失的 20.4%。另外还有基础设施、道路、桥梁和其他城市基础设施的损失，占到总损失的 21.9%，这三类是损失比例比较大的，70% 以上的损失是由这三方面造成的。

◆◆唐山、汶川地震强度分析

汶川地震破坏性强于唐山地震。

汶川大地震是中国1949年以来破坏性最强、波及范围最大的一次地震，地震的强度、烈度都超过了1976年的唐山大地震。中国地震研究及地质灾害研究专家分析了汶川地震破坏性强于唐山地震的主要原因。

汶川地震破坏性强于唐山地震的原因有：

1. 从震级上可以看出，汶川地震稍强。国际上公认唐山地震是7.6级，汶川地震是8级。

2. 从地缘机制断层错动上看，唐山地震是拉张性的，是上盘往下掉。汶川地震是上盘往上升，要比唐山地震影响大。

3. 唐山地震的断层错动时间是12点9秒，汶川地震是22点2秒，错动时间越长，人们感受到强震的时间越长，也就是说汶川地震建筑物的摆幅持续时间比唐山地震要强。

4. 从地震张量的指数上看，唐山地震是2.7级，汶川地震是9.4级，差别很大。

5. 汶川地震波及的面积、造成的受灾面积比唐山地震大。汶川地

震主要是由于断层错动的原因，导致地壳板块挤压断裂，错动方向是北东方向，也就是说汶川的北东方向受影响比较大，但是它的西部情况就会好一些。

汶川地震波及面积大，据称几乎整个东南亚和整个东亚地区都有震感。汶川地震错动时间特别长，比唐山地震还长，这就是为什么唐山地震虽然死亡人数多，但是实际上灾害造成的影响不如汶川地震大。

6. 汶川地震诱发的地质灾害、次生灾害比唐山地震大得多。因为唐山地震主要发生在平原地区，汶川地震主要发生在山区，次生灾害、地质灾害的种类都不太一样，汶川地震引发的破坏性比较大的崩塌、滚石加上滑坡等，比唐山地震的次生地质灾害要严重得多。另外，因为四川的水比较多，所以堰塞湖跟唐山地震相比也是不一样的。

事实上，汶川地震的震级比唐山地震的震级稍微高一点，能量相差三倍，地震波及能量越大，地震传得更远，在更远的距离内造成破坏。另外，汶川地震的位置也非常特殊。唐山地震发生在中国东部，因为东部地区延迟线比较薄，东部地震波衰减得厉害，而四川的延迟线厚，所以地震波衰减得慢。从这两个角度来说，汶川地震造成的影响要比唐山大。

第三章

地震的类型

　　每每谈到地震的时候，我们都会想到地震给人类带来的巨大的损失和家破人亡的悲惨景象。

　　从古到今，人类对于地震的研究一直没有终止过，人类迫切希望能够找到好的方法来减少地震给人类造成的损失，不再有失去亲人后带来的巨大痛苦。研究地震的几本类型对于减少自然灾害带来的巨大损失有很大的帮助。地震的分类方法有很多，可以按照地震的成因分类，按照距离震中的远近分类，按照震源深度的不同分类，按照地震的大小分类，按照破坏程度的不同分类，按照地震的主次分类，了解地震的各种类型将对于更加深入研究地震的成因等方面起着十分重要的作用。

地震的分类

地震有很多分类的方法，常见的有：按照地震的成因、大小、远近以及震源深浅的分类。

按照地震的成因分类

（1）构造地震：是由构造运动引起的地震。人们通常所说的地震就是指构造地震，这类地震发生次数最多，约占地震总数的90%以上，由于构造地震大多发生在地壳内，所以，破坏力最大的地震就是这种地震。

（2）火山地震：是由于火山作用、岩浆活动、气体爆炸等引起的地震。火山地震一般影响范围较小，发生次数也较少。

（3）陷落地震：是由于地层陷落引起的地震。这类地震更少，引起的破坏也较小。

（4）人工诱发地震：是由人为活动引起的地震。如：地下核爆炸、水

库蓄水、油田抽水和注水、矿山开采等活动引起的地震。

构造地震、火山地震、陷落地震统称为天然地震，与此对应人工诱发地震被称为人工地震。

◆◆按照距离震中的远近分类

（1）地方震：震中距在 100 千米以内的地震。

（2）近震：震中距在 100 至 1000 千米范围内的地震。

（3）远震：震中距大于 1000 千米的地震。

◆◆按照震源深度的不同分类

（1）浅源地震：震源深度小于 60 千米的地震。浅源地震对建筑物威胁最大。同级地震，震源越浅，破坏力越强。

（2）中源地震：震源深度为 60 至 300 千米的地震。

（3）深源地震：震源深度大于 300 千米的地震。

◆◆按照地震的大小分类

（1）微破裂：一般指震级小于零级以下的由微弱地震造成的地下介质

或断层微破裂，通常仅有高放大倍数的地震仪才能观测到。

（2）微震：震级在 0 ~ 1.9 级之间，一般人感觉不到，地震仪可观测到。

（3）小震：震级在 2.0 ~ 3.9 之间，在震中及其附近小范围的人有感，但无破坏。

（4）轻震：震级在 4.0 ~ 4.9 之间，震中区大部分人有强烈震感，如果震源浅，在震中可能会对某些建筑物造成轻微损失，但一般破坏性有限。

（5）中强震：震级在 5.0 ~ 5.9 之间，为破坏性地震，一般可造成震中区烈度达 VI ~ VII 度的破坏，并有人员伤亡。

（6）强震：震级在 6.0 ~ 6.9 之间，较大的破坏性地震，一般可造成 VII ~ VIII 度，个别可高达 IX 度的破坏，可造成地面建筑物较大的破坏和较多的人员伤亡。

（7）大震：震级在 7.0 ~ 7.9 之间，强烈破坏性地震，可造成 IX 以上的严重破坏，将对社会经济和人民生命

财产造成巨大的损失，个别地震可引起海啸。

（8）巨震：震级在 8.0 以上的特大地震，地震破坏极其惨烈，震中烈度可达 X 至 XII 度，个别地震可以引

起巨大的海啸。

◆◆按照破坏的程度分类

（1）破坏性地震：造成人员伤亡和经济损失的地震。

（2）严重破坏性地震：造成严重的人员伤亡和财产损失，使灾区丧失或部分丧失自我恢复能力，需要国家采取相应行动的地震。

◆◆按照地震的主次分类

（1）主　震

一个地震序列中最强的地震称为主震；主震前在同一震区发生的较小地震称为前震；主震后在同一震区陆续发生的较小地震称为余震。地震序列可分为以下几类：

①主震型：主震的震级高，很突出，主震释放的能量占全地震序列的90%以上，又分为"主震余震型"和"前震主震余震型"两类。

②震群型：没有突出的主震，主要能量是通过多次震级相近的地震释放出来的。

③孤立型（单发性地震）：其主要特点是几乎没有前震，也几乎没有

余震。

（2）余　震

余震是在主震之后接连发生的小地震。余震一般在地球内部发生主震的同一地方发生。通常的情况是一次主震发生以后，紧跟着有一系列余震，其强度一般都比主震小。

美国地球物理学家发现，"余震"的主要成因是由地震引起的"动态"地震波的冲击，而不是原先认为的缘于地震引发的断层附近的地壳重整。美国地质调查的 Karen Felzer 和加州大学的 Emily Brodsky 分析了近二十年发生在南加州的数以千计的中小型地震中余震的数据之后得出了这一结论，他们的工作可能影响关于余震发生的预测。

打一个形象的比方，余震好比人说话的回声，虽然能量不及前面的大地震，但威力叠加起来，经过多次打

击的建筑物可能就承受不住了。余震出现的时候是大震以后，虽不足为患，但次数积累得多的时候就成灾了。

地震主要起因于地壳上大陆板块彼此相对移动产生的压力累积。主震发生过后，时隔不久最多一两天，或者在震中也可以拉开一定距离，可发生称为余震的二次震动。到目前为止，

科学家认为余震产生于主震引起的"静态压力"的改变，因为似乎只有它能够具有产生余震的这种机制。但Felzer 和 Brodsky 认为事实并非如此。

科研人员研究了在1984 年至 2002 年间，发生在南加州的数千次地震中主震之后的 2 至 6 次余震的精确数据。他们发现，在距离震中 50 千米之外，余震的发生数量急剧下降。更确切地说，他们发现至震中距离与余震次数约呈指数 −1.35 左右衰减。他们说这意味着一个平稳的量引发了整个运作过程，在 50 公里的距离中静态压力的改变几乎可以忽略不计，因此"动态应力"是余震的罪魁祸首。他们还指出，地震波在距离上的衰减遵循指数规律。

研究者指出这个结果将对地震过后预测余震的发生产生影响。Brodsky 说："我们研究余震预测的一个关键点是，余震发生可能性与主震的烈度成正比。换言之，如果你知道地震波的振幅，你就可以在概率意义上预测在某点是否有余震。"

地球的结构就像鸡蛋，可分为三层。中心层是"蛋黄"－地核；中间是"蛋清"－地幔；外层是"蛋壳"－地壳。地震一般发生在地壳之中。地球在不停地自转和公转，同时地壳内部也在不停地变化。由此而产生力的作用，使地壳岩层变形、断裂、错动，于是便发生地震。

一次强烈地震之后，岩层一般不会立刻平稳下来，还会继续活动一段时间，把岩层中剩余的能量释放出来，所以紧跟着就会发生一系列较小的地震，这就是所谓余震。不过，有的地震余震很少，有的则很多。持续时间也不一样，有的余震时间很短，有的余震可以长达数月乃至数年之久。

地震的几大类型

◆◆构造地震

构造地震亦称"断层地震"。地震的一种，由地壳（或岩石圈，少数发生在地壳以下的岩石圈上地幔部位）发生断层而引起。地壳（或岩石圈）在构造运动中发生形变，当变形超出了岩石的承受能力，岩石就发生断裂，在构造运动中长期积累的能量迅速释放，造成岩石振动，从而形成

地震。波及范围大，破坏性很大。世界上90%以上的地震、几乎所有的破坏性地震属于构造地震。目前已记录到的最大构造地震震级为8.9级（智利，1960年5月22日）。另外，构造地震的分布与最新世界活动的构造带一致。

（1）构造地震的特点

构造地震的特点是活动频繁，延续时间较长，影响范围最广，破坏性

最大，因此，是地震研究的主要对象。构造地震的成因和震源机制研究是地震理论中最核心的问题。

（2）构造地震的类型

孤立型地震：没有前震，余震小而少，且与主震震级相差悬殊，整个序列的地震能量基本上通过主震一次释放出来。

主震－余震型地震：一个地震序列中，最大的地震特别突出，所释放的能量占全序列能量的90%以上。这个最大的地震叫主震，其他较小的地震中，发生在主震前的叫前震，发生在主震后的叫余震。

双震型地震：一个地震活动序列中，90%以上的能量主要由发生时间接近、地点接近、大小接近的两次地震释放。

震群型地震：一个地震序列的主要能量是通过多次震级相近的地震释放的，没有明显的"老大"，几次地震（震群）所释放的能量占全序列的80%以上。

（3）构造地震的成因

地震成因是地震学科中的一个重大课题。目前有如断层说、岩浆说、相变说、大陆漂移学说、海底扩张学说等。现在比较流行的是大家普遍认

同的板块构造学说。1965 年，加拿大著名地球物理学家威尔逊首先提出"板块"概念。1968 年，法国人把全球岩石圈划分成六大板块，即欧亚、太平洋、美洲、印度洋、非洲和南极洲板块。板块与板块的交界处，是地壳活动比较活跃的地带，也是火山、地震较为集中的地带。板块学说是大陆漂移、海底扩张等学说的综合与延伸，它虽不能解决地壳运动的所有问题，却为地震成因的研究提供了一定的理论依据。

地球的构造：地球是一个巨大的实心椭圆球体，平均半径为6370 千米。地球的内部好比一个煮熟的鸡蛋，最外层相当于蛋壳的部分叫做地壳，平均厚度为 35.4 千米，由各种岩石和土壤层组成。地球的中间层相当于蛋清，叫做地幔，厚度约为 2900 千米，由成分复杂的岩浆物组成，温度高达 1000 ~ 2000 摄氏度。地球最内部相当于蛋黄的部分叫做地核，半径约为 3470 千米，由

铁、镍等很"重"的物质构成，温度可达 5000 摄氏度，压力高达几百万帕斯卡。多数构造地震发生在地壳的岩石层内，也有的发生在地幔的上部。

地震是地壳岩石的突然变化：地壳岩石层在力的作用下会形成褶皱，褶皱进一步弯曲就会折断，形成断裂；断裂两边进一步位置错动，形成断层。褶皱的形成是非常缓慢的，而褶皱断裂、错动却往往发生于瞬间。构造地震就是地壳中的岩石突然断裂、错动引起的地面振动。

"板块"运动：是什么原因引起地壳岩石层的这些变化呢？世界各国科学家长期研究发现，地壳并不完整，厚薄也不均匀，地壳被分成几大块"板块"。在地球内部巨大力量的推动下，这些"板块"像是在地幔的岩浆上"漂浮"，或因互相接近而挤压、俯冲，或因互相远离而发生拖拽，形成岩石层复杂的运动。岩石层通过数亿年缓慢的运动，造出了如青藏高原、喜玛拉雅山脉这样的高原峻岭，也造出了大西洋、印度洋这样的浩瀚大海，形成了今天地球七大洲四大洋的格局。在岩石层缓慢变化的同时，岩石层局部不断发生急剧的断裂和错动，造成了大小小的地震。日本是一个地震、火山活动频繁的国家，这与日本列岛处在太平洋板块向欧亚板块俯冲的交界区域有关。

（4）构造地震的防范措施

一般，在震中及其附近地区，从地震发生到房屋倒塌有12秒钟左右的时间，作为个人，应当保持冷静，并在12秒内作出正确躲藏的抉择。发生地震后千万不要慌乱，应利用各种设施就地就近避险。

选跨度小、梁柱密集处躲避。地震专家指出，在楼房的群众应尽快到洗手间、小开间等跨度小的地方，或室内梁柱比较密集处躲避。因为这些地方房体跨度小而刚度大，加之有管道支撑，抗震性能较好。有可能的话，最好找一个枕头、沙发垫等物品垫在头顶，进行自我保护。地

震时，暂时躲避在坚实的家具下或墙角处是较为安全的。室内避震不管躲在哪里一定要注意避开墙体的薄弱部位，如门窗附近等。历史经验表明：就近躲避可以把伤亡人数减少到最低

法脱险时应尽量保存体力，耐心等待救援。如果遇到强烈破坏性的地震，一定不能跳楼，不能夺窗而逃，而应保持镇静就地避震。因为地震强烈振动时间充其量只有十几秒钟至一分钟左右，而从打开门窗到跳楼往往需要一段时间，特别是人在地震过程中站立行走困难，如果门窗被震歪变形开不动，那耗费时间就更多，有的人慌了手脚，急不可待，用手砸破玻璃，结果把手也砸坏了。另外，楼房如果很高，跳楼可能会摔伤甚至会致死，即使安全着地，也有可能被楼顶倒塌下来的东西砸伤甚至会砸死。

限度。

地震时如在商场、学校等人群密集的场所，应立即到坚固物品、课桌或椅子下面躲避，如震后不幸被废墟埋压，要尽量保持冷静设法自救。无

大地震中，要尽早尽快开展自救、互救，在抢救生命的过程中，耽误的时间越短，人的生存希望就越大，因

此应当不等不靠，尽早尽快地开展自救、互救。震时被压埋的人员绝大多数是靠自救和互救而存活的。大地震中被倒塌建筑物压埋的人，只要神志清醒，身体没有重大创伤，都应该坚定获救的信心，妥善保护好自己，积极实施自救。自救原则包括：尽量用湿毛巾、衣物或其他布料捂住口、鼻和头部，防止灰尘呛闷发生窒息，也可以避免建筑物进一步倒塌造成的伤害；活动手、脚，清除脸上的灰土和

压在身上的物件，用周围可以挪动的物品支撑身体上方的重物，避免进一步塌落；扩大活动空间，保持足够的空气；几个人同时被压埋时，要互相鼓励，共同计划，团结配合，必要时采取脱险行动，寻找和开辟通道，设法逃离险境，朝着有光亮更安全宽敞的地方移动；一时无法脱险时，要尽量节省气力，如能找到代用品和水，要节约使用，尽量延长生存时间，等待获救；保存体力，不要盲目大声呼

救，在周围十分安静，或听到上面（外面）有人活动时，用砖、铁管等物敲打墙壁，向外界传递消息。当确定不远处有人时，再呼救。

互救是指已经脱险的人和专门的抢险营救人员对压埋在废墟中的人进行营救。为了最大限度地营救遇险者，应遵循以下原则：先救压埋人员多的地方，也就是"先多后少"；先救近处被压埋人员，也就是"先近后远"；先救容易救出的人员，也就是"先易后难"；先救轻伤和强壮人员，扩大营救队伍，也就是"先轻后重"；如果有医务人员被压埋，应优先营救，

增加抢救力量，继续找寻被压埋的人。

在震后救灾工作中，搞好卫生防疫非常重要。首先要把好"病从口入"这一关。饮用水源要设专人保护，水井要清掏和消毒。饮水时，最好先进行净化、消毒；要创造条件喝开水。要派专人对救灾食品的储存、运输和分发进行监督；救灾食品、挖掘出的食品应检验合格后再食用。对机关食堂、营业性饮食店要加强检查和监督，督促做好防蝇、餐具消毒等工作。应有计划地修建简易防蝇厕所，固定地点堆放垃圾，并组织清洁队按时清掏，运到指定地点统一处理。其次是要消

发生的地区，要特别注意防蚊。如果发现病人突然发高烧、头痛、呕吐、脖子发硬等，就应赶快找医生诊治。

切断电源消除火源。比起地震本身，地震后的火灾更可怕。因此，首先要关掉液化气开关，消除火源。只要有可能的话，避难之际要设法关掉煤气总开关。在工厂作业时，如遇上地震，在冲出工作场所避难前，要尽可能切断电源，消除火源，停止机器运转。对工矿企业中的易燃、易爆、剧毒等物品，要严密监视。地震时，一旦发现剧毒或易燃气体溢出，应立即组织抢修。此外，平时要妥善放置易燃易爆物品。

严密监视堤坝安全。所谓地震次生灾害，主要是指地震后引起的水灾、火灾以及有毒气体蔓延等。地震后要积极防止次生危害发生。对于大型水库、堤坝等，要预先做好防震检查，发现问题及时加固。

灭蚊蝇。要大范围喷洒药物，利用汽车在街道喷药，用喷雾器在室内喷药，不给蚊蝇留下孳生的场所。在有疟疾

水库下游要严密注视堤坝的安全，遇有险情，除组织力量抢救外，要迅速向安全地带转移。地震若发生在山区，山体崩塌方等可能堵塞河道，遇到此种情况，要立即组织人员疏通，以免造成水灾。在山区，还要远离悬崖陡壁，以免山崩、塌方时伤人。还应离开大水渠、河堤两岸，这些地方容易发生较大的地滑或塌陷。

世界地震之最

●世界上记录最早的地震见于北宋编的《太平御览》卷880，地裂类共有15条，其中有5条明确谈到地震或地震裂缝。最末一条是："《墨子》曰：'三苗欲灭时，地震，泉涌。'"据考证，"三苗欲灭时"，约是黄帝晚年（约

公元前2550年)，在黄帝族活动的地区发生了中华民族记录下来的世界上最早的地震记录。

●世界上最早的观测和记录地震的仪器——地动仪，是我国东汉时期著名科学家张衡于公元132年发明的。这台地动仪当时置于河南洛阳，记录了公元138年3月1日发生于千里之外的陇西地震。

●世界上发生的最大一次地震，是1960年5月22日南美洲智利发生的8.9级大地震。在这次地震前后短短的一天半时间内，7.0级以上地震至少发生了5次，其中3次达到或超过8.0级。震中区几十万幢房屋大多破坏，有的地方在几分钟内下沉两米。在瑞尼赫湖区引起了300万方、600万方和

3000万方的三次大滑坡；滑坡填入瑞尼赫湖后，致使湖水上涨24米，造成外溢，结果淹没了湖东65公里处的瓦尔的维亚城，全城水深2米。大地震使5700人遇难，100万人无家可归。

这次地震还引起了巨大的海啸，在智利附近的海面上浪高达30米。海浪以每小时600～700公里的速度扫过太平洋，抵达日本时仍高达3～4米，结果使得1000多所住宅被冲走，20000多亩良田被淹没，800人死亡，15万人无家可归。

●世界上目前记录到的震源最深的地震是1943年6月29日印度尼西亚苏拉威西岛的地震。发生于苏拉威西岛东的地震，震源深度720公里，震级为6.9级。震源地震常常发生在太平洋中的深海沟附近。在马里亚纳海沟、日本海沟附近，都多次发生了震源深度达五六百公里的大地震。我国吉林和黑龙江省东部也发生过深源地震，如1969年4月10日发生在吉林省珲春南的5.5级地震，震源深度达到555公里。

●世界上死亡人数最多的地震。大约1210年7月，近东和地中海东部地区所有城市都遭到地震破坏，死人最多，现有估算约达110万。1556年1月23日发生在中国陕西华县的8.0级地震造成的死亡人数比前者确凿一些，广大灾民病死、饿死，数百里山乡断了人烟，估计死亡83万余人。近代地震死亡人数的最高纪录是发生在1976年7月28日凌晨3点42分的中国唐山7.8级强烈地震，震中烈度为11度，总共死亡人数为24.2万

人，重伤16.4万人。

●世界上第一次成功地预报7级以上强烈地震的是中国1975年2月4日19时36分发生在海城的7.3级地震。震源深度16.21公里，震中烈度为9

度强。这次地震发生在经济发达、人口稠密的辽东半岛中南部。在地震烈度7度区域范围内，有鞍山、营口、辽阳三座较大城市，人口167.8万；还有海城、营口、盘山等11个县，人口667万。合计人口834.8万，其中城市人口占20%，人口平均密度为每平方公里1000人左右。这次地震震中区面积为760平方公里，区内房屋及各种建筑物大多数倾倒和破坏，铁路局部弯曲，桥梁破坏，地面出现裂缝、陷坑和喷沙冒水现象，烟囱几乎全部破坏。根据有关部门的估计，海城地震的成功预报使可能导致超过10万人死亡递减到1300多人。在海城地震发生后，联合国确认海城地震预报为人类第一次，也是迄今为止唯一一次对强震作出的准确临震预报。

◆◆◆火山地震

由于火山活动时岩浆喷发冲击或热力作用而引起的地震，称为火山地震。这类地震可产生在火山喷发的前夕，亦可在火山喷发的同时。其特点是震源常限于火山活动地带，一般深度不超过10公里的浅源地震，震级较大，多属于没有主震的地震群型，影响范围小。

火山地震一般较小，为数不多，数量约占地震总数的7%左右。地震和火山往往存在联系。火山爆发可能会激发地震，而发生在火山附近的地震也可能引起火山爆发。

板块之间有三种相对运动方式：聚合、张裂与保守（错动）三种方式，所以板块之边界可分为张裂型板块边界和聚合型板块边界和错动型板块边界三种类型。聚合型板块边界是板块相互挤压的地区，在地貌上表现为海沟、火山岛弧、褶皱山脉等。张裂型板块边界是板块相互拉张的地区，在地貌上表现为裂谷、中洋脊等。错动型板块边界（保守性板块边界）是两个板块互相摩擦的地区，转换断层发育，其运动方式类似地表的走向滑移断层，面积无改变而称之为保守性。

纵观世界，有环太平洋火山地震带、欧亚地震带、海岭地震带三大主要火山地震带。

中国火山分布

①东北地区

东北地区是中国新生代火山最多地区，共有 34 个火山群，计 640 余座火山，并有大面积的熔岩被。主要分布在长白山地、大兴安岭和东北平原及松辽分水岭 3 地区，具有活动范围广、强度高、喷发期数多、分布密度大等特点。新第三纪时期多有规模巨大的沿断裂溢出的基性玄武岩，覆盖于广大准平原面之上，成大面积的熔岩高原及台地，规模较小者后期被侵蚀切割为方山、

令人谈之**色变**的
地震灾害

岭脊、尖山、残丘等；第四纪以后喷发规模渐小，熔岩充填谷地，覆于河流阶地之上成低台地，或堵塞河流堰塞成湖，如"地下森林"火山群的熔岩流阻塞牡丹江上游，使之成为中国最大熔岩堰塞湖——镜泊湖；晚期则以强烈的中心式喷发为主，形成由火山熔岩及火山碎屑（火山弹、火山砾、火山砂、火山灰等）组成的突兀于熔岩高原、台地之上众多的火山锥。以长白山地区为例：在以长白山火山锥为中心的广大地面上，熔岩高原、熔岩台地呈环带状分布，覆盖面积达万余平方公里。一般认为东北区晚新生代以来的火山活动共有9期，其中以上新世中期（第三期）喷发为最强烈，此后规模和强度逐渐减弱。

②内蒙古高原

内蒙古高原也是中国晚新生代火山活动较频繁地区。在大兴安岭新华夏隆起带和阴山东西向复杂构造带截接部位之北侧，以锡林郭勒盟为中心的内蒙古高原中部，发育有大片第三纪末至第四纪初期的玄武岩组成的熔岩台地，总面积约1.2万多平方公里，规模仅次于长白山区。台地上规律地排列着许多第四纪死火山锥。按其分布的可分为3片：巴彦图嘎熔岩台地集中于中蒙

■ 70 ■

边界，至少有 40 余座火山；阿巴嘎火山群规模最大，熔岩台地之上有 206 座成截顶圆锥形、钟形、马蹄形、不规则形火山锥；达来诺尔熔岩台地面积约 3100 平方公里，102 座火山锥成华夏向雁行式排列有序。以上均为新第三纪宁静式裂隙喷溢到第四纪后逐渐转为多次强烈的中心式喷发而形成。内蒙古高原南部的集宁周围直至山西右玉、大同，及张北汉诺坝玄武岩台地一带，称察哈尔火山区。该区恰值阴山东西向复杂构造带与大兴安岭新华夏构造带之截接部位，又为祁吕东翼反射弧的斜接所复杂化。所以，玄武岩台地的分布明显受控于北东向及东西向构造。该区熔岩面积很大，如察哈尔熔岩台地面积约 4400 多平方公里，但后期火山活动规模及火山锥数目均远不及高原中部。第四纪火山锥仅分布在玄武岩台地的南北两侧，如大同火山群可见保存完好的火山锥 10 余个，另外还有由 9 座火山组成的马兰哈达火山群和由 7 座火山组成的岱海南部火山群。据推断该区火山活动始于中新世末至上新世初，

到更新世末甚至全新世方结束。

③海南岛北部与雷州半岛

海南岛北部与雷州半岛的火山及熔岩地貌的形成与该区强烈的新构造运动密切相关。该区第三纪初期开始断陷下沉，沉积厚度达3000余米，其中夹有数十层薄层玄武岩。第四纪初雷琼地区上升，火山活动也最强烈。早期为裂隙式的平静溢流，成大规模熔岩被，而后逐渐转为猛烈但规模较小的中心式喷发，至全新世渐趋停息。在地表形成了大面积的熔岩台地及星罗棋布的火山锥。据统计玄武岩流面积达7500平方公里，火山锥近70个。

④腾冲火山群

著名的腾冲火山群位于滇西横断山系南段的高黎贡山西侧，火山及熔岩

流以腾冲县城为中心成南北向延伸的长条形，面积87×33平方千米，计有火山锥70余座，其中火口完整的22座，遭破坏的10座，其余为无火口火山。火山及熔岩活动自上新世始至全新世。本区以极丰富的地热资源著称于世，据1974年不完全统计，腾冲县79个泉群中，温度在90摄氏度以上者有10处，地表天然热流量达 25.498×10^4 千焦耳／秒，一年相当于燃烧27万吨标准煤。在地热区高温中心热海热田，遍布汽泉、热泉、沸泉，水声鼎沸、水汽蒸腾、数里之外可见。另外该区地震频繁，并具岩浆冲击型地震的特点：小震、群震、浅震甚多。表明热田下部存在尚未溢出的残余岩浆体活动，成为地热流的强大热源，目前火山仍处微弱活动过程。

⑤羌塘（藏北）高原北部

在羌塘（藏北）高原北部，由于上新世以来青藏高原强烈隆起，伴随着强烈的地壳运动，留下了分布较广的多期火山活动遗迹。可划分为6个火山群。其中西昆仑山中克里雅河上游位于海拔4700米处的高145米的1号火山，曾于1951年5月27日爆发，延续数昼夜，为中国大陆火山活动的最新记录。该区位于最南的大火山群——巴毛穷宗火山群，最高达5398米，是中国最高的火山。

⑥台湾岛

台湾岛地处环太平洋火山带内，北部大屯火山群为早更新世至晚更新期火山活动的产物，并有澎湖列岛等火山岛。这些火山不仅形成了台湾岛北部独特的火山海岸，而且有些火口至今仍有硫气喷出。如由7个小山峰组成的七星火山的东南山腹冷水坑爆裂口的硫气孔，硫的最高年产量达455吨。

⑦太行山东麓

太行山东麓有名的井陉雪花山玄武岩、汤阴黑山头玄武岩等及河北平原内部黄骅附近的"小山"和无棣附近的"大山"也为新生代以来火山活动的产物。华北平原底部并发现有 4 层玄武岩及火山碎屑岩夹层，说明在太行山的抬升和华北平原的下沉过程中，也曾伴随有多次岩浆喷出活动。

⑧南京附近

南京附近有上新世喷发的上"方山"玄武岩和下"方山"玄武岩，长江北岸的盱眙、六合及南岸江宁一带均有由 10 余座火山锥组成的小型火山群。

◆◆◆陷落地震

陷落地震是由于地下水溶解了可溶性岩石，使岩石中出现空洞并逐渐扩大，或由于地下开采形成了巨大的空洞，造成岩石顶部和土层崩塌陷落，引起地震，叫陷落地震。地震能量主要来自重力的作用。

陷落地震主要发生在石灰岩或其他岩溶岩石地区，由于地下溶洞不断扩大，洞顶崩塌，引起震动。矿洞塌陷或大规模山崩、滑坡等亦可导致这类地震发生。

这类地震为数很少，约占地震总数的 3% 左右，震级都很小，影响范围不大。

◆●●诱发地震

诱发地震是指在特定的地区因某种地壳外界因素诱发而引起的地震。这些外界因素可以是地下核爆炸、陨石坠落、油井灌水等，其中最常见的是水库地震。水库蓄水后改变了地面的应力状态，且库水渗透到已有的断层中，起到润滑和腐蚀作用，促使断层产生新的滑动。但是，并不是所有的水库蓄水后都会发生水库地震，只有当库区存在活动断裂、岩性刚硬等条件，才有诱发的可能性。

（1）全球变暖诱发地震

全球气候变化可能是地震和火山爆发的诱因之一。

至今，科学家还没有找到2004年印尼海啸的发生与海平面升高之间有联系的直接证据。但此次灾难使科学家开始对气候与地质学之间的关系

产生了浓厚兴趣。一些地质学家担心，全球气候变暖引起的冰河融化会释放地壳里被压抑的能量，从而引发剧烈的地质变化，导致地震、海啸和火山爆发等地质灾难发生。

一立方米的冰重量接近于一吨，而一些冰河的厚度可以达到 1000 米，当冰河融化，压在地表上的这些重量被去除，其下面的岩石长期承受的压力和张力将会释放出来，从而引发地质变化。加拿大阿尔伯塔大学地质学家帕特里克·吴将这种影响很形象地比喻成用大拇指挤压足球，当拇指对足球的压力去除后，足球将回弹而恢

复其本来的形状。地球的组成结构非常黏稠，所以它的回弹速度很缓慢。

帕特里克·吴认为，厚厚的冰河的重量给地球施加了很大的压力，冰河的重量对地震起到了抑制作用，而一旦冰河融化，地震就将因此被引发。现在经常困扰加拿大东部的地震就是源于 10000 多年前的冰河时代产生的回弹。南极洲和格林兰岛表面所覆盖的冰层的融化也将产生类似影响，而且其过程由于人类活动诱发的温室气体效应将被加快。

南极冰的融化已经引发了地震和地下泥石流，虽然这些现象还没有引

起人们的重视，但帕特里克·吴预计，气候变暖将为地球带来许多地震。当冰河融化，产生的水引起海平面升高，同时将增加海底所承受的压力。海底承受的压力增加，将影响其下面的地质构造运动。地壳比我们想象的更加敏感。已经有许多事例证明当水库里盛满水后，水的重量对地壳的压力会引发不同程度的地震。当地震发生在水下，将会引起海啸。

美国北卡罗来纳大学有一位名叫阿兰·格拉泽的火山专家，在他当初发现美国加利福尼亚附近海域的火山与气候之间存在联系时，也半信半疑。但在查阅了许多资料后，他发现：世界上许多地方，特别是地中海海域的气候变化与火山活动之间存在关联关系。他认为，当几百米至一千米厚的冰河融化后，地壳上原来承受的压力减小，这样也使压制火山喷发的压力减小了，就会导致地壳裂缝，岩浆随即到达地表，造成火山爆发。

格拉则表示，冰河融化对地质产生的影响主要是由于发生融化处承受的压力减小，而海平面升高对地质所产生的影响居其次。这是因为冰河融化产生的水会流向整个大洋，仅仅只使海平面产生微米级升高。而融化当地的冰河会失去1000米的厚度，这种重量减少所产生的、对当地地质的影响，会远远大于海平面升高对海底地质的影响。

英国伦敦大学学院的地质学家比尔·麦克戈伊尔教授表示，将世界上所发生许多现象综合起来分析，可以发现全球气候确实对地震的频率、火山爆发、海床崩塌等有直接的影响。这些影响以前就发生过，而且现在还在继续发生中。

（2）热资源开发热将诱发地震

近年来，地热水、地热资源开发利用倍受开发商和许多地方政府的青睐，也受到生活用户的盲目欢迎。

地热水，俗称（误称）"温泉水"。开采地热水只能部分地满足了一些地区的取暖和生活用水。一些地热水被用做矿泉医疗用水和地热发电用水。然而开采地热资源带来的严重恶果却被忽视了。

存在于岩石层下的高温水体资源明显区别于普通浅表地下水。一般地下水距地表仅 1.2 米，而地热水体则位于深数十米、数百米甚至数千米的地壳岩石层中或岩石下。只有很少的天然地热水自发涌出地表，这就是温泉。

地热水含有硫磺等各种矿物成分，不适于人类饮用，其温度一般在 25 摄氏度以上，最高可达 280 摄氏度。地热水体的存在位置说明地热水是地球壳体的重要组成部分，根据地理常识判断，地热水具有缓冲地基岩石板块应力的作用，并承受和分散地表压力。在山脉地区和城市高层建筑密集区域，地表压力尤为巨大，因此该区域的地下热水资源受破坏程度，将直接威胁到此类地带的地理稳定性。

地热水体与浅表地下水体不同，对后者的采集和利用造成浅表地下水体水位下降，可在用水后的水排放和蒸发、以天空自然降水（下雨、下雪、

冰雹、霜露）和江河的河床渗水形式加以循环补充。而地下热水在被人类强行钻透深部岩层采集抽吸后，因自然降水难以进入地下热水库存，不能被循环补充，依人类之力决不可能恰如其分地使其得到补充和更新。当地热水体被过分开采后，不可避免地产生岩层内及岩层下的水体空缺，导致大地的稳定性受到破坏，这将直接造成地震。因此，开发和利用地热资源的热潮将诱发地震，这等于自掘坟墓。

呼吁地理学界和环境保护部门认真研究大地环境保护问题，并制订具体措施加以保护，除地表自动流出的地热水可利用外，严格禁止其他类型的地热水开采，确保高楼密集的城市出现人为性的大地震。对地下热水或矿泉水医疗效用进行严格的医学试

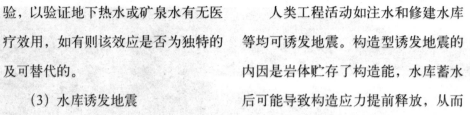

验，以验证地下热水或矿泉水有无医疗效用，如有则该效应是否为独特的及可替代的。

（3）水库诱发地震

人类工程活动如注水和修建水库等均可诱发地震。构造型诱发地震的内因是岩体贮存了构造能，水库蓄水后可能导致构造应力提前释放，从而诱发了地震。还有一类是水库蓄水后库水压入溶洞引起塌陷和气爆，对水体较集中的水库还可能引起区域荷载重新调整导致岩石滑移而诱发的地震。上述几类地震均称为水库诱发地震，大桥水库是否会诱发水库地震一直是工程界和地震界关注的问题。

有人通过研究指出，水库诱发地震有两种重要的类型：快速响应型和滞后响应型。快速响应型水库诱发地震与水库水位变化密切相关。有的水库蓄水后，很快发生地震，即属快速响应型。快速响应型地震的成因之一是岩溶塌陷或气爆，多发生于溶洞发育的石灰岩库段。水库荷载引发的地震也属快速响应范畴。另一类型地震则要在开始蓄水相当长一段时间后才发生。其滞后时间长短各不相同，一般为数月到数年不等。滞后响应型水库地震释放构造能，它的发生与库水沿断层渗透、断层面摩擦系数降低和岩石抗震强度降低有关。因此，这一类型地震的强度与水库水位的变化的关系不明显。构造型诱发地震的强度主要取决于发生地震的构造、贮能，与蓄水时间的长短无关。破坏性大的水库诱发地震多为滞后型地震。

（4）地震专业知识

我们最熟悉的波动是观察到水波。当向池塘里扔一块石头时水面被扰乱，以石头入水处为中心有波纹向外扩展。这个波列是水波附近的水的颗粒运动造成的。然而水并没有朝着水波传播的方向流；如果水面浮着一个软木塞，它将上下跳动，但并不会从原来位置移走。这个扰动由水粒的

简单前后运动连续地传下去，从一个颗粒把运动传给更前面的颗粒。这样，水波携带石击打破的水面的能量向池边移动并在岸边激起浪花。地震运动与此相当类似。我们感受到的摇动就是由地震波的能量产生的弹性岩石的震动。

第一类波的物理特性恰如声波。声波，乃至超声波，都是在空气里由交替的挤压（推）和扩张（拉）而传递。因为液体、气体和固体岩石一样能够被压缩，同样类型的波能在水体如海洋和湖泊及固体地球中穿过。在地震时，这种类型的波从断裂处以同等速度向所有方向外传，交替地挤压和拉张它们穿过的岩石，其颗粒在这些波传播的方向上向前和向后运动，换句话说，这些颗粒的运动是垂直于波前的。向前和向后的位移量称为振幅。在地震学中，这种类型的波叫 P 波，即纵波，它是首先到达的波。

弹性岩石与空气有所不同，空气

可受压缩但不能剪切，而弹性物质通过使物体剪切和扭动，可以允许第二类波传播。地震产生这种第二个到达的波叫S波。在S波通过时，岩石的表现与在P波传播过程中的表现相当不同。因为S波涉及剪切而不是挤压，使岩石颗粒的运动横过运移方向。这些岩石运动可在一垂直方向或水平面里，它们与光波的横向运动相似。P波和S波同时存在使地震波列成为具有独特的性质组合，使之不同于光波或声波的物理表现。因为液体或气体内不可能发生剪切运动，S波不能在它们中传播。P波和S波这两种波所具有的截然不同的性质可被用来探测地球深部流体带的存在。

S波具有偏振现象，只有那些在某个特定平面里横向振动（上下、水平等）的那些光波能穿过偏光透镜。穿过的光波称之为平面偏振光。太阳光穿过大气是没有偏振的，即没有光波振动的优选的横方向。然而晶体的折射或通过特殊制造的塑料如偏光眼睛，可使非偏振光成为平面偏振光。

当S波穿过地球时，它们遇到构造不连续界面时会发生折射或反射，并使其振动方向发生偏振。当发生偏振的S波的岩石颗粒仅在水平面中运动时，称为SH波。当岩石颗粒在含波传播方向的竖直平面里运动时，这种S波称为SV波。

大多数岩石，如果不强迫它以太大的振幅振动，具有线性弹性，即由于作用力而产生的变形随作用力线性变化。这种线性弹性表现服从虎克定律，该定律是以与牛顿同时代的英国数学家罗伯特·虎克（1635～1703年）而命名的。相似的，地震时岩石将对增大的力按比例地增加变形。在大多数情况下，变形将保持在线弹性范围，在摇动结束时岩石将回到原来位置。然而在地震事件中有时发生重要的例外表现，例如当强摇动发生于软土壤时，会残留永久的变形，波动变形后并不总能使土壤回到原位，在这种情况下，地震烈度较难预测。

弹性的运动提供了极好的启示，说明当地震波通过岩石时能量变化的情况。与弹簧压缩或伸张有关的能量

为弹性势能，与弹簧部件运动有关的能量是动能。任何时间的总能量都是弹性能量和运动能量二者之和。对于理想的弹性介质来说，总能量是一个常数。在最大波幅的位置，能量全部为弹性势能；当弹簧振动到中间平衡位置时，能量全部为动能。我们曾假定没有摩擦或耗散力存在，所以一旦往复弹性振动开始，它将以同样幅度持续下去。这当然是一个理想的情况。

在地震时，运动的岩石间的摩擦逐渐生热而耗散一些波动的能量，除非有新的能源加进来，像振动的弹簧一样，地球的震动将逐渐停息。对地震波能量耗散的测量提供了地球内部非弹性特性的重要信息，然而除摩擦耗散之外，地震震动随传播距离增加而逐渐减弱现象的形成原因还有其他因素。

由于声波传播时其波前面为一扩张的球面，携带的声音随着距离增加而减弱。与池塘外扩的水波相似，我们观察到水波的高度或振幅，向外也逐渐减小。波幅减小是因为初始能量传播越来越广而产生衰减，这叫几何扩散。这种类型的扩散也使通过地球岩石的地震波减弱。除非有特殊情况，否则地震波从震源向外传播得越远，它们的能量就衰减得越多。

第四章

地震带的分布状况

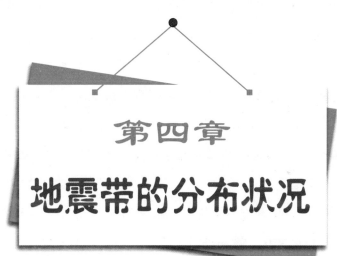

全世界自古以来地震不断，地震给人类带来的灾难性毁灭也是无法统计、不可估量的。细数全世界地震地区也是有一定的规律可循的，即地震的爆发也是有区域性的。从世界范围看，地震活动带和火山活动带大体一致，主要集中在下列地壳强烈活动的地带。主要分布情况为：环太平洋地震带、欧亚地震带、海岭地震带。

　　此外，中国也有一定的地震带，主要分布状况为华北地震区、青藏高原地震区、东南沿海地震区、南北地震带以及其他主要活动地震带。准确分析中国地震带的地震成因，可以最大程度的减少灾难带来的损失，对于防灾抗灾就有十分重要的意义。

地震带的概念

地震带就是指地震集中分布的地带。在地震带内震中密集，在带外地震的分布零散。地震带常与一定的地震构造相联系。全球最大的环太平洋地震带和横贯欧亚的地震带（喜马拉雅－地中海地震带），是全球六大板块间的接触带，其他的地震带与扩张的洋脊、转换断层、大陆裂谷或大断裂带有关。在环太平洋地震带和欧亚地震带内发生约占全球85%的浅源地震，全部的中深源地震和深源地震。其他地震带只有浅源地震，一般来说地震频度和强度均较弱。

地震带内的地震活动在时间分布上是不均匀的，显著活动和相对平静交替存在，一定时期后又重复出现。

各地震带的重复期从几十年到几百年，甚至千年以上。

各地震带的大地震发生方式有单发式和连发式之分。前者以一次8级以上地震和若干中小地震来释放带内积累的能量；后者在一定时期内以多次7～7.5级地震释放其绝大部分积累的能量。地震带内显示的各种不同的地震活动性与该地带地壳介质性质、构造形式和构造运动强弱有关。地震带一般被认为是未来可能发生强震的地带。在各地震带内还划分出不同的区段，作为独立的地震活动性和地震区域划分的统计研究单元。另外，还有一种是由于人为活动所引起。

世界主要地震带

地震的震中集中分布的地区，且呈有规律的带状，叫做地震带。从世界范围看，地震活动带和火山活动带大体一致，主要集中在下列地壳强烈

活动的地带。

世界上的地震主要集中分布在三大地震带上，即：环太平洋地震带、欧亚地震带和海岭地震带。

◆◆环太平洋地震带

环太平洋地震带是地球上最主要的地震带，它像一个巨大的环，沿北美洲太平洋东岸的美国阿拉斯加向南，经加拿大本部、美国加利福尼亚和黑西哥西部地区，到达南美洲的哥伦比亚、秘鲁和智利，然后从智利转向西，穿过太平洋抵达大洋洲东边界附近，在新西兰东部海域折向北，再经斐济、印度尼西亚、菲律宾，我国台湾省、琉球群岛、日本列岛、阿留申群岛，回到美国的阿拉斯加，环绕太平洋一周，也把大陆和海洋分隔开来，地球上约有80%的地震都发生在这里。

◆◆欧亚地震带

欧亚地震带又名"横贯亚欧大陆南部、非洲西北部地震带""地中海－喜马拉雅山地震带"主要分布于欧亚大陆，从印度尼西亚开始，经中南半岛西部和我国的云、贵、川、青、藏地区，以及印度、阿富汗、伊朗、巴基斯坦、尼泊尔、土耳其到地中海北岸，一直还伸到大西洋的亚速尔群岛，发生在这里的地震占全球地震的15%左右。

◆◆●海岭地震带

海岭地震带是从西伯利亚北岸靠近勒那河口开始，穿过北极经斯匹次卑根群岛和冰岛，再经过大西洋中部海岭到印度洋的一些狭长的海岭地带或海底隆起地带，并有一分支穿入红海和著名的东非裂谷区。

我国处在世界两大地震带之间，是多地震的国家之一。

那么，世界地震带的分布规律是怎么回事的问题，目前地质学家们有着各自不同的解释：有的认为世界主要地震带与年青褶皱山脉有关。还有的人认为地震带与板块构造运动有关。究竟那种说法是正确的、合理的，目前尚无定论，还有待于地质学家们进一步研究。

中国主要地震带

我国位于世界两大地震带——环太平洋地震带与欧亚地震带之间，受太平洋板块、印度板块和菲律宾海板块的挤压，地震断裂带十分发育。

20 世纪以来，中国共发生 6 级以上地震近 800 次，遍布除贵州、浙江两省和香港特别行政区以外所有的省、自治区、

直辖市。

中国地震活动频度高，强度大，震源浅，分布广，是一个震灾严重的国家。1900 年以来，中国死于地震的人数达 55 万之多，占全球地震死亡人数的 53%；1949 年以来，100 多次破坏性地震袭击了 22 个省（自治区、直辖市），其中涉及东部地区 14 个省份，造成 27 万余人丧生，占全国各类灾害死亡人数的 54%，地震成灾面积达 30 多万平方公里，房屋倒塌达 700 万间。地震及其他自然灾害的严重性构成中国的基本国情之一。

统计数字表明，中国的陆地面积占全球陆地面积的十五分之一，即百分之六左右；中国的人口占全球人口的五分之一左右，即百分之二十左右，都不到百分之二十，然而中国的陆地地震竟占全球陆地地震的三分之一，即百分之三十三左右，而造成地震死亡的人数竟达到全球的 1/2 以上。当然这也有特殊原因，一是中国的人口密、人口多；二是中国的经济落后，房屋不坚固，容易倒塌，容易坏；第三与中国的地震活动强烈频繁有密切关系。

据统计，20 世纪以来，中国因地震造成死亡的人数，占国内所有自

令人谈之**色变**的
地震灾害

然灾害包括洪水、山火、泥石流、滑坡等总人数的 54%，超过 1/2。从人员的死亡来看，地震是群害之首；而在经济上所造成的损失，最大的主要是气象灾害（洪涝），气象灾害所造成的经济损失要比地震大的多。

中国地震主要分布在五个区域：台湾地区、西南地区、西北地区、华北地区、东南沿海地区和 23 条地震带上。

我国的地震活动主要分布在五个地区的 23 条地震带上。这五个地区是：

①台湾省及其附近海域；

②西南地区，主要是西藏、四川西部和云南中西部；

③西北地区，主要在甘肃河西走廊、青海、宁夏、天山南北麓；

④华北地区，主要在太行山两侧、汾渭河谷、阴山－燕山一带、山东中部和渤海湾；

⑤东南沿海的广东、福建等地。我国的台湾省位于环太平洋地震带上，西藏、新疆、云南、四川、青海等省区位于喜马拉雅－地中海地震带上，其他省区处于相关的地震带上。

中国地震带的分布是制定中国地震重点监视防御区的重要依据。

◆◆华北地震区

"华北地震区"包括河北、河南、山东、内蒙古、山西、陕西、宁夏、江苏、安徽等省的全部或部分地区。在五个地震区中，它的地震强度和频度仅次于"青藏高原地震区"，位居全国第二。由于首都圈位于这个地区内，所以格外引人关注。据统计，该地区有据可查的8级地震曾发生过5次；7～7.9级地震曾发生过18次。

加之它位于我国人口稠密、大城市集中、政治和经济、文化、交通都很发达的地区，地震灾害的威胁极为严重。

华北地震区共分四个地震带：

(1) 郯城－营口地震带

包括从宿迁至铁岭的辽宁、河北、山东、江苏等省的大部或部分地区。是我国东部大陆区一条强烈地震活动带。1668年山东郯城 8.5 级地震、1969 年渤海 7.4 级地震、1974 年海城 7.4 级地震就发生在这个地震带上，据记载，本带共发生 4.7 级以上地震 60 余次。其中 7～7.9 级地震 6 次；8 级以上地震 1 次。

(2) 华北平原地震带

南界大致位于新乡－蚌埠一线，

北界位于燕山南侧，西界位于太行山东侧，东界位于下辽河－辽东湾拗陷的西缘，向南延到天津东南，经济南东边达宿州一带，是对京、津、唐地区威胁最大的地震带。1679 年河北三河 8.0 级地震、1976 年唐山 7.8 级地

来－延庆盆地，向南经阳原盆地、蔚县盆地、大同盆地、忻定盆地、灵丘盆地、太原盆地、临汾盆地、运城盆地至渭河盆地等是我国东部又一个强烈地震活动带。1303 年山西洪洞 8.0 级地震、1556 年陕西华县 8.0 级地震都发生在这个带上。1998 年 1 月张北 6.2 级地震也在这个带的附近。有记载以来，本地震带内共发生 4.7 级以上地震 160 次左右。其中 7～7.9 级地震 7 次；8 级以上地震 2 次。

（4）银川－河套地震带

于河套地区西部和北部的银川、乌达、磴口至呼和浩特以西的部分地区。1739 年宁夏银川 8.0 级地震就发生在这个带上。本地震带内，历史地震记载始于公元 849 年，由于历史记载缺失较多，据已有资料显示，本

震就发生在这个带上。据统计，本带共发生 4.7 级以上地震 140 多次。其中 7～7.9 级地震 5 次；8 级以上地震 1 次。

（3）汾渭地震带

北起河北宣化－怀安盆地、怀

带共记载4.7级以上地震40次左右。其中6～6.9级地震9次；8级地震1次。

●●青藏高原地震区

"青藏高原地震区"包括兴都库

什山、西昆仑山、阿尔金山、祁连山、贺兰山－六盘山、龙门山、喜马拉雅山及横断山脉东翼诸山系所围成的广大高原地域。涉及到青海、西藏、新疆、甘肃、宁夏、四川、云南全部或部分地区，以及原苏联、阿富汗、巴基斯坦、印度、孟加拉、缅甸、老挝等国的部分地区。

本地震区是我国最大的一个地震区，也是地震活动最强烈、大地震频繁发生的地区。据统计，这里8级以上地震发生过9次；7～7.9级地震发生过78次。均居全国之首。

●●东南沿海地震带

我国东南沿海地震带的分布情况：东南沿海地震带地理上主要包括福建、广东两省及江西、广西邻近的一小部分。这条地震带受与海岸线大致平行的新华夏系北东向活动断裂控制，另外，一些北西向活动断裂在形成发震条件中也起一定作用。这组北东向活动断裂从东到西分别为：长乐－诏安断裂带,政和－海丰断裂带、邵武－河源断裂带。沿断裂带发生过多次破坏性地震,如沿长乐－诏安断裂带,曾发生过1604年泉州海外8级大震和南澳附近的一系列强震;沿邵武－河源断裂带曾发生过会昌6.0级（1806年）地震、河源6.1级（1962年)地震和寻乌5.8级(1987年)地震,政和－海丰断裂带也曾发生过破坏性地震,但总的强度比较低。

◆◆南北地震带

从我国的宁夏,经甘肃东部、四川西部、直至云南,有一条纵贯中国大陆、大致南北方向的地震密集带,被称为中国南北地震带,简称南北地震带。该带向北可延伸至蒙古境内,向南可到缅甸。2008年5月12日四川汶川8.0级的大地震就发生在这一地震带上。

◆◆其　他

此外,"新疆地震区""台湾地震

区"也是我国两个曾发生过8级地震的地震区。这里不断发生强烈破坏性地震也是众所周知的。由于新疆地震区总的来说,人烟稀少、经济欠发达。尽管强烈地震较多,也较频繁,但多数地震发生在山区,造成的人员和财产损失与我国东部几条地震带相比,要小许多。

值得一提的是"华南地震区"的"东南沿海外带地震带",在这里历史上曾发生过1604年福建泉州8.0级地震和1605年广东琼山7.5级地震。但从那时起到现在的300多年间,无显著破坏性地震发生。

中国近代各地震带的地震史

◆◆河北邢台地震

1966年3月8日至29日,连续发生多次6、7级地震。首次地震发生于邢台地区隆尧县以东,震级为6.8级,此后,又发生5次6级地震,

以发生于宁晋县东南的 7.2 级地震为最大。由于灾区土质松散，地下水位较高，古河道等因素影响，地震造成破坏损失严重，破坏范围大。6.8 级地震波及 142 个县市，7.2 级地震破坏范围包括 136 个县市。有感范围北到内蒙多伦，东到烟台，南到南京，西到铜川等广大地区。地震共造成 8182 人死亡，51395 人受伤，破坏房屋 400 余万间，损坏桥梁 86 座。灾区共发生事故性火灾 115 起，烧死 16 人，烧伤 26 人，烧毁简易房 153 间。邢台西部山区和井陉、武安一带发生山崩 300 余处，山崩飞石引起火灾 22 起，烧山 80 公顷。地裂缝、冒沙、冒水现象普遍，断续延长几十米至数公里。地裂最宽达 2 米。井水上升或外溢等很普遍。滏阳河上几座桥遭严重破坏。艾辛庄大桥桥面向南移动，与桥墩错开 1.8 米，致使交通中断。本次地震影响区域广。天津市和琢县有发电机掉闸，造成短暂停电现象。石家庄以西和山西昔阳等地破坏程度也较高。国务院非常重视邢台地震，即令当地驻军赶赴灾区进行抢救。全国各地大力支援灾区，派出医疗队，

支援大批食品和救灾物资。周恩来总理3月9日冒着地震危险到震区隆尧县听取灾情汇报和救灾情况，慰问灾区人民。震后进驻灾区的医疗队达到94支，医务人员达到7115人。

●●云南大关地震

1974年5月11月，大关发生7.1级地震。四川盆地大部分地区有较强烈震感。有感面积约40万平方公里。地震造成1423人死亡，1600余人受伤；损坏房屋6.6万余间，其中倒塌2.8万余间，房屋破坏区面积约2300平方公里。极震区内木结构房屋的木构架无破坏，而土、石墙多倒塌，土搁梁房和毛石砌筑石搁梁房，大多数坍塌或倒平。地震还造成山坡崩滑与地裂缝，毁坏道路、农田、水渠、埋没村舍。最大规模滑坡的前缘冲抵小河对岸，形成高约30米的堤坝，堵水成湖。

◆◆辽宁海城地震

1975 年 2 月 4 日，海城发生 7.3 级地震。极震区面积为 760 平方公里。这次地震发生在人口稠密、工业发达的地区，是该区有史以来最大的地震。由于我国地震部门对这次地震作出预报，当地政府及时采取了有力的防震措施，使地震灾害大大减轻，除房屋建筑和其他工程结构遭受到不同程度的破坏和损失外，地震时大多数人都撤离了房屋，人员伤亡极大地减少。伤亡人员总数为 29579 人，占总人口的 0.32%，其中死亡 2041 人，占总人口的 0.02%。伤亡人员多为老、弱、病、残、儿童和不听指挥的人。地震造成城镇房倒塌及破坏约 500 万平方米，损坏公共设施 165 万平方米，农村房屋被毁坏 1740 万平方米，破坏城乡交通、水利设施 2937 个，各种设备、物资也遭到严重损失，总计约 8.1 亿元。地面喷沙孔大的直径达 2.5 米。有一地震断裂，长约 5.5 公里，裂缝带宽处达 40 米。营口市破坏面积占全市总面积的 53.1%。震后，及时展开救灾工作。解放军出动了 3.5 万余人，1173 部汽车，12 架飞机参加救灾。派进灾区的医疗队达到 101 个，人员 3480 人。震后两天供水得以修复；2 月 7 月灾区全部恢

复供电。灾民群众在"三防"简易房欢渡了春节。交通和工农业生产在一个月后基本上得到恢复。海城地震预报成功取得了巨大的社会效益和经济效益。据推测，如无预报，人员伤亡将达15万人左右，经济损失将超过50亿元。

◆◆云南龙陵地震

1976年5月29日，云南西部龙陵县先后发生两次强烈地震。第一次发生在20时23分18秒，震级为7.3级；第二次发生在22时0分23秒，震级7.4级。这次地震属于震群型地震。余震活动额度高，强度大。每次地震各出现了两个极震区。自5月29日至年底共记录到3级以上地震2477次，其中，4.7、5.9级19次，6.2级、7.3级及7.4级各一次。这次地震使云南省保山地区、临沧地区、德宏傣族景颇族自治州的9个县遭到不同程度的损失。人员死亡98人，重伤451人，轻伤1991人，房屋倒塌和损坏42万间。受灾面积约1883平方公里。地震引起的滑坡也造成较严重损失。滑坡毁坏农房180幢，稻田、牧场、森林茶园近 3900 公顷，破坏渠道 1126 条，摧毁一座装机容量为 240 千瓦的水电站和三座 20 千瓦以下的水电站。破坏道路 185 公里，塌方量达 78 万立方米。龙陵地震经历了中期和短临预报的过程，并在震前采取了相应的防震措施。浅层崩塌性滑坡是此次地震的典型现象。

◆◆ 河北唐山地震

1976 年 7 月 28 日，唐山市发生 7.8 级地震。地震的震中位置位于唐山市区。这是中国历史上一次罕见的城市地震灾害。顷刻之间，一个百万人口的城市化为一片瓦砾，人民生命财产及国家财产遭到惨重损失。北京市和天津市受到严重波及。地震破坏范围超过 3 万平方公里，有感范围广达 14 个省、市、自治区，相当于全国面积的 1/3。地震发生在深夜，市区 80% 的人来不及反应，被埋在瓦砾之下。极震区包括京山铁路南北两

侧的 47 平方公里。区内所有的建筑物几乎都荡然无存。一条长 8 公里、宽 30 米的地裂缝带，横切围墙、房屋和道路、水渠。震区及其周围地区，出现大量的裂缝带、喷水冒沙、井喷、重力崩塌、滚石、边坡崩塌、地滑、地基沉陷、岩溶洞陷落以及采空区坍塌等。地震共造成 24.2 万人死亡，16.4 万人受重伤，仅唐山市区终身残废的就达 1700 多人；毁坏公产房屋 1479 万平方米，倒塌民房 530 万间；直接经济损失高达到 54 亿元。全市供水、供电、通讯、交通等生命线工程全部被破坏，所有工矿全部停产，所有医院和医疗设施全部被破坏。地震时行驶的 7 列客货车和油罐车脱轨。蓟运河、滦河上的两座大型公路桥梁塌落，切断了唐山与天津和关外的公路交通。市区供水管网和水

厂建筑物、构造物、水源井等破坏严重。开滦煤矿的地面建筑物和构筑物倒塌或严重破坏，井下生产中断，近万名工人被困在井下。唐山钢铁公司破坏严重，被迫停产，钢水、铁水凝铸在炉膛内。三座大型水库和两座中

型水库的大坝滑塌开裂,防浪墙倒塌。410座小型水库中的240座被震坏。6万眼机井淤沙,井管错断,占总数的67%。沙压耕地3.3万多公顷,咸水淹地4.7万公顷。毁坏农业机具5.5万余台(件)。砸死大牲畜3.6万头,猪44.2万多头。唐山市及附近重灾县环境卫生急剧恶化,肠道传染病患病尤为突出。震后,党中央和国务院迅速建立抗震救灾指挥部。解放军和全国各地的救援队伍、物资源源不断地云集唐山,展开了规模空前的紧张的救灾工作,及时控制了灾情,减少了伤亡数量。市区被埋压的60万人中有30万人自救脱险。解放军各部队出动近15万人。唐山机场一天起降飞机达390架次。京津唐电网3000多人组成电力抢修队。全国13个省、市、自治区和解放军、铁路系统的2万多名医务人员,组成近300个医疗队、防疫队。空运重伤员到外省市治疗,共动用飞机474架次,直升机90架次;共开出159个卫生专列。各级政府及时解决了群众喝水、吃饭、穿衣等问题。重建家园工作于

1976 年底着手准备，1978 年开始重建，10 年后一个欣欣向荣的新唐山出现在中国大地。

◆◆四川松潘—平武地震

1976 年 8 月 16 日，松潘、平武之间发生 7.2 级地震。地震属震群型，主震之后又发生 22 日 6.7 级地震和 23 日 7.2 级地震。这次地震有感范围较大，西至甘肃高台，南至昆明，北至呼和浩特，东至长沙，最大半径 1150 公里。震后连降暴雨，造成山崩、塌石、泥石流等，致使农田、道路、河床等破坏严重，通讯中断。耕地被毁十几万公顷，粮食损失达 500 万公斤，牲畜死亡 2000 余头。地震发生在人烟稀少的山区，加之震前已有预报，采取了人员撤离的措施，因此，人员伤亡仅为 800 余人，其中轻伤 600 余人。多数是由震后泥石流、山崩、滚石等次生灾害所致。四川省各级政府在震前建立了防震抗震救灾指挥部，要求各部门做好各方面准备。

地震发生后成都市及附近地区群众，由于受唐山地震的影响，产生了严重的恐震心理，从而出现了惊慌、外逃、外迁、跳楼现象，给社会生活带来影响。同时地震谣言四起，人心浮动，加剧了社会不安定状况，造成学校停课、商店停业、厂矿停产现象。

◆◆云南丽江地震

1996 年 2 月 3 日 19 时 14 分，云南省丽江地区发生 7.0 级地震，震中位置北纬 27.3°，东经 100.22°，造成严重破坏和损失。主震发生后又发生余震 2529 次，最大的一次为 6 级。地震波及范围相当大。丽江、鹤庆、中甸、剑川、洱源等地建筑物遭受不同程度的破坏。丽江县城及附近地区约 20% 的房屋倒塌。受灾乡镇 51 个，受灾人口达 107.5 万，重灾民有 30 多万。人员伤亡人数为 17221 人，其中 309 人丧生，3925 人重伤，房屋倒塌 35 万多间，损坏 60.9 万多间，粮食损失 3000 多万公斤。电力、交通、通讯以及水利等设施也遭到了严重破

坏。冲江河电站严重受损，最终导致供电中断。滇藏公路214线上的鲁南金沙江大桥桥面开裂，整体结构下沉。地震造成直接经济损失达40多亿人民币。作为国家级历史文化名城的丽江纳西族自治州纳西县的民族风貌和人文景观也受到地震的危害，死亡人数达290人，占死亡总数的90%，重伤3736人，占重伤总数的95%。地震时正在举世闻名的虎跳峡大峡谷的中外游客也感受到地震。根据国务院部署，当地各级政府迅速开展了救灾工作。国际红十字会、日本、香港、台湾等提供了紧急援助。到2月11日，云南省共收到的国内外捐赠款人民币1.14亿元、港元1.02亿元、美元70万元、日元1.003亿元、马克500万元。十几架次的外国专机和香港九龙航班等运送了近百吨的各种救灾物资。

◆◆河北尚义地震

1998 年 1 月 10 日 11 时 50 分，尚义以东地区发生 6.2 级地震，造成了严重的人员伤亡和经济损失，是当年中国大陆地区最严重的一次地震灾害。地震灾区涉及张北、尚义、万全和康定县的 19 个乡镇，灾区人口近 17 万。地震中有 49 人死亡，11439 人受伤，其中重伤 362 人，伤亡人数占全国当年总数的 83.9%。由于当地居民房屋的结构和选址不合理，房屋的建筑质量和抗震性能不强，有些房屋本身就已经危险，因此，房屋破损较为严重，破坏面积达到 650 多万平方米，其中完全毁坏 175.4 万平方米。地震的直接经济损失高达 7.94 亿元，占当年总数的 44.6%。与该县相邻的山西大同天镇县遭受的直接经济损失也达到 587.9 万元。震后政府和各方面共投入救灾款项 8.36 亿元。

◆◆◆四川汶川地震

2008 年 5 月 12 日 14 时 28 分 04.0 秒,四川汶川县发生 8.0 级地震,造成了严重的人员伤亡和经济损失。汶川地震是中国自我国建国以来最为强烈的一次地震,直接严重受灾地区达 10 万平方公里。中国除黑龙江、吉林、新疆外均有不同程度的震感。其中以陕甘川三省震情最为严重。甚至泰国首都曼谷,越南首都河内,菲律宾、日本等地均有震感。截至 6 月 28 日 12 时,汶川地震已造成 69195 人遇难,374177 人受伤,失踪 18440 人。中国地震研究及地质灾害研究专家析了汶川地震破坏性强于唐山地震的主要原因,从地缘机制断层错动上看,汶川地震是上盘往上升;汶川地震的断层错动时间是 22 点 2 秒,错动时间越长,人们感受到强震的时间越长,也就是说汶川地震建筑物的摆幅持续时间比唐山地震要强；此外，汶川地震诱发的地质灾害、次生灾害比唐山地震大得多。国土资源部高级咨询研究中心教授岑嘉法分析说，因为唐山地震主要发生在平原地区，汶川地震主要发生在山区，次生灾害、地质灾害的种类都不一样，汶川地震引发的破坏性比较大的崩塌、滚石加上滑坡等，比唐山地震的次生地质灾害要严重得多。另外，因为四川河湖众多，所以堰塞湖跟唐山地震相比也不一样。

◆◆青海玉树地震

2010 年 04 月 14 日，07 时 49 分。青海省玉树藏族自治州玉树县（北纬 33.2，东经 96.6）。7.1 级左右，初步估计破裂长度 30 公里左右，震源深度 14 千米，截至 2010 年 4 月 14 日 15 点 36 分，玉树震区已经发生了 18 次余震，1 次 5 级，1 次 6.3 级。并且余震次数还在不停增加。

2010 年 4 月 14 日 9 点 25 分，青海省玉树县再次发生 6.3 级地震，震源深度 30 公里。自从早晨 7 点 49 分发生 7.1 级地震以来，玉树已经连续发生 4 次余震。

震中距州府所在地结古镇仅 30 公里，城中约有 10 万居民。当地已发生 7 次地震，至少 67 人遇难。地震时不少居民仍在梦中，85% 以上依山而建的土木房倒塌，很多人被埋，武警迅速前去抢险。但因交通中断，缺少帐篷、医疗器械、药物和医护人员，因此救援十分困难。

据青海玉树抗震指挥部报告，截止 2010 年 4 月 25 日 17 时，14 日早晨发生的 7.1 级地震已造成玉树地震已造成 2220 人遇难，失踪 70 人，5 万户民房倒塌，有 10 万户灾民需要转移安置。

第五章

地震的预测

地震所到之处犹如巨浪横扫大地，留下的只有一片狼藉：房屋倒塌，农舍具损，道路崩裂，人员伤亡……一双双恐慌、迷惘的眼神在废墟中四处张望，不知所措……

　　如何预测地震将成为人们十分关注的话题。在我国汉朝的时候，张衡就为了解决这个问题，在公元 132 年就制成了世界上最早的"地震仪"——地动仪。当时地震仪的产生轰动了所有人。但是遗憾的是，地震仪只能用于测量地震的强度、方向，并不能用于预测地震。

　　预测地震有很多种方法，通过一些自然现象可以预测地震的发生，比如：观测地下水异常、生物异常、气象异常、地声异常、地光异常、地气异常、地动异常、地鼓异常、电磁异常等，也可以通过地震活动异常、地形变异常、地球物理变化、地下流体的变化等来预测地震。

　　随着现代科技的不断发展，人类预测地震的技术也在不断的更新完善，科研人员在预测地震方面取得了一定的成果。

地震预测仪器——地震仪

◆◆◇早期地震仪

地震仪是一种监视地震的发生，记录地震相关参数的仪器。我国汉朝的科学家张衡，在公元132年就制成了世界上最早的"地震仪"——地动仪。

这架仪器是铜铸的，形状像一个酒樽，四周有八个龙头，龙头对着东、南、西、北、东南、西南、东北、西北八个方向。龙嘴是活动的，各自都衔着一颗小铜球，每一个龙头下面，有一个张大了嘴的铜蟾蜍，仪器的内部中央有一根铜质"悬垂摆"，柱旁有八条通道，称为"八道"，还有巧妙的机关。当某个地方发生地震时，悬垂摆拨动小球通过"八道"，触动机关，使发生地震方向的龙头张开嘴，

吐出铜球，落到铜蟾蜍的嘴里，会发生很大的声响。于是人们就可以知道

地震发生的方向。

经过公元134年的甘肃西南部的地震试验，完全证实了它检测地震的准确性。它比欧洲创造的类似的地震仪早了1700多年。可惜的是东汉地动仪早已失传，现在我们看到的地动仪都是后人根据史籍复原的模型。

地震仪制成后，安置在洛阳。在公元138年的一天，京都和往常一样，周围并没有什么动静，但是小钢球却异乎寻常地从龙口里吐了出来，落到蟾蜍嘴里。激扬的响声，惊动了四周，人们纷纷议论，大地并没有震动，地震仪为什么会报震呢？大概是地震仪不灵吧？谁知过了没有几天，陇西（今甘肃省西部）发生地震的消息便传来了，事实生动地证明了地震仪是何等的灵敏、何等的准确！

由于地动仪只是记录了地震的大致方向，而非记录地震波，所以相当于是验震器，而非真正意义上的地震仪。张衡发明的地震仪开创了人类使用科学仪器测报地震的历史。对此，长期以来中外科学家一直给予极高的评价。认为它是利用惯性原理设计制成的，能探测地震波的主冲方向。在科学技术还很落后的2世纪初能做到这一点，是极其难能可贵的。

◆◆◆现代地震仪

第一台真正意义上的地震仪由意大利科学家卢伊吉·帕尔米里于1855年发明，它具有复杂的机械系统。这台机器使用装满水银的圆管并且装有电磁装置。当震动使水银发生晃动时，电磁装置会触发一个内设的记录地壳移动的设备，粗略地显示出地震发生的时间和强度。

第一台精确的地震仪，于1880年由英国地理学家约翰·米尔恩在日本发明，他也被誉为"地震仪之父"。

在帝国大学的同事詹姆斯·尤因和托马斯·格雷的帮助下，约翰·米尔恩发明出多种检测地震波的装置，其中一种是水平摆地震波检测仪。这个精妙的装置有一根加重的小棒，在受到震动作用时会移动一个有光缝（一个可以通过光线的细长缝）的金属板。金属板的移动使得一束反射回来的光线穿过板上的光缝，同时穿过在这块板下面的另外一个静止的光缝，落到一张高度感光的纸上，光线随后会将地震的移动"记录"下来。今天大部分地震仪仍然按照米尔恩和他助手的发明原理进行设计。科学家将继续通过研究地壳的移动和摆锤的摆动的关联性来探测地球的震动。

1906 年俄国王子鲍里斯·格里芬发明了第一台电磁地震仪，在这台机器的设计中，他利用了 19 世纪由英国物理学家迈克尔·法拉第提出的电磁感应原理。法拉第的感应原理认为磁铁磁力线密度的改变可以产生电荷。在此基础上，格里芬制造出一种

仪器，可以在感受到震动时将一个线圈穿过磁场，产生电流并将电流导入检流计中，检流计可以测量并直接记录电流。电流随后移动一面镜子，如同米尔恩所制作的引导光线的金属板一样。这个电子装置的优点在于记录器可以放置在实验室里，而地震仪可以被安放在比较偏僻的的可能会发生地震的地点。

20 世纪时，核能测试检测系统的出现促进了现代地震仪的发展。尽

管地震会对人身和财产安全造成巨大损失，直到地下核爆炸的威胁促使世界性的地震监测仪网络（WWSSN）于1960年建立后，地震仪才被大规模地投入使用，在60多个国家共设立了120多台地震仪。

发展于第二次世界大战后，普雷斯·尤因地震仪使研究者能够记录长周期地震波——波在相对较慢的速度下传递很长时间。这种地震仪使用的摆与米尔恩模型中所使用的相类似，不同的是该模型使用一条有弹性的金属线代替枢轴支撑加重的小棒以减少摩擦。战后还对地震仪进行了以下改进：①引进自动计时器使计时更加准确，②使用狮子读出器，可以将数据放入计算机中进行分析等。

现代地震仪最重要的发展是应用地震检波器组合。这种组合，有些由几百个地震仪组成，都连接到一个单独的中心记录器上。通过对不同地点产生的地震波图的进行比较，研究者可以确定震中位置。

我们现在在地震研究中使用的地震仪主要有三种，每一种都有与它们将要测量的地震震动幅度（速度和强度）相应的周期（周期指的是摆完成一次摆动所需的时间长度，或者来回摆动一次所需的时间）。

短周期地震仪一般用于研究初次和二次震动，测量移动速度最快的地震波。这是因为这些地震波移动速度太快，短周期地震仪在不到一秒钟的时间就能完成一次摆动；它同样能够放大记录下来的地震波图，使研究人员能够看出地壳瞬间运动的轨迹。

长周期地震仪使用的摆锤一般需要20秒左右的时间完成一次摆动，可以用来测量跟随在地壳初次和二次震动后的较缓慢的移动。地震检测仪网络现在使用的就是这种类型的工具。

具有最长摆锤摆动周期的地震仪叫超长型或宽波段地震仪。宽波段地震仪的应用越来越广泛，通常能够对全世界范围内的地壳运动提供更为全面的信息。

地震仪能客观而及时地将地面的振动记录下来。其基本原理是利用一件悬挂的重物的惯性，地震发生时地面振动而它保持不动。由地震仪记录下来的震动是一条具有不同起伏幅度的曲线，称为地震谱。曲线起伏幅度

与地震波引起地面振动的振幅相应，它标志着地震的强烈程度。从地震谱可以清楚地辨别出各类震波的效应。纵波与横波到达同一地震台的时间差，即时差与震中离地震台的距离成正比，离震中越远，时差越大。由此规律即可求出震中离地震台的距离，即震中距。

地震发生的前兆

岩体在地应力作用下，在应力应变逐渐积累、加强的过程中，会引起震源及附近物质发生物理、化学、生物、气象等一系列异常变化。我们把这些与地震孕育、发生有关联的异常变化现象称为地震前兆（也称地震异常）。它包括地震微观异常和地震宏观异常两大类。

◆◆◆地震的宏观异常

地震的宏观异常是指人的感官能直接觉察到的地震异常现象。地震宏观异常的表现形式多样且复杂，异常的种类多达几百种，异常的现象多达几千种，大体可分为：地下水异常、生物异常、地声异常、地光异常、电磁异常、气象异常等。

（1）地下水异常

地下水包括井水、泉水等。主要异常有发浑、变色、变味、突升、冒泡、翻花、升温、突降、井孔变形、泉源突然枯竭或涌出等。根据震前井水变化的现象，人们总结了不少关于地震与地下水有关的

谚语：

井水是个宝，地震有前兆。

无雨泉水浑，天干井水冒。

水位升降大，翻花冒气泡。

有的变颜色，有的变味道。

（2）生物异常

动物的感觉器官是十分灵敏的，有时候可以察觉到人类都无法察觉到的某些灾害的发生，它们在预测自然灾害的时候总是比人类提前。例如海洋中水母能预报风暴，老鼠能事先躲避矿井崩塌或有害气体等等。至于在视觉、听觉、触觉、振动觉、平衡觉器官中，哪些起了主要作用，哪些又起了辅助判断作用，对不同的动物可能有所不同。伴随地震而产生的物理、化学变化（振动、电、磁、气象、水氡含量异常等），往往能使一些动物的某种感觉器官受到刺激而发生异常反应。如一个地区的重力发生变异，某些动物可能能过它的平衡器官感觉到；一种振动异常，某些动物的听觉器官也许能够察觉出来。地震前地下岩层早已在逐日缓慢活动，呈现出蠕动

状态，而断层面之间又具有强大的摩擦力，于是有人认为在摩擦的断层面上会产生一种每秒钟仅几次至十多次、低于人的听觉所能感觉到的低频声波。人要在每秒20次以上的声波才能感觉到，而动物则不然。当动物用自己十分感觉灵敏的感观察觉到异

常的时候，便会惊恐万状，以致出现冬蛇出洞，鱼跃水面，猪牛跳圈，狗哭狼吼等异常现象。动物异常的种类

包括很多种，有大牲畜、家禽、穴居动物、冬眠动物、鱼类等等。

①地震前动物反应与动物异常表现：

牛、马、驴、骡：惊慌不安、不进厩、不进食、乱闹乱叫、打群架、挣断缰绳逃跑、蹬地、刨地、行走中突然惊跑

猪：不进圈、不吃食、乱叫乱闹、拱圈、越圈外逃

羊：不进圈、不吃食、乱叫乱闹、越圈逃跑、闹圈

狗：狂吠不休、哭泣、嗅地扒地、咬人、乱跑乱闹、叼着狗崽搬家、警犬不听指令

猫：惊慌不安、叼着猫崽搬家上树

兔：不吃草、在窝内乱闹乱叫、惊逃出窝

鸭、鹅：白天不下水、晚上不进架、不吃食、紧跟主人、惊叫、高飞

鸡：不进架、撞架、在架内闹、上树

鸽：不进巢、栖于屋外、突然惊起倾巢而飞

鼠：白天成群出洞，像醉酒似的发呆、不怕人、惊恐乱窜、叼着小鼠搬家

蛇：冬眠蛇出洞在雪地里冻僵、冻死，数量增加，集聚一团

鱼：成群漂浮、狂游、跳出水面、缸养的鱼乱跳，头尾碰出血，跳出缸外，发出叫声、呆滞，甚至死亡

蟾蜍（癞蛤蟆）：成群出洞，甚至跑到大街小巷

②动物反常的情形：

震前动物有预兆，群测群防很重要。

牛羊骡马不进厩，猪不吃食狗乱咬。

鸭不下水岸上闹，鸡飞上树高声叫。

冰天雪地蛇出洞，大鼠叼着小鼠跑。

兔子竖耳蹦又撞，鱼跃水面惶惶跳。

蜜蜂群迁闹轰轰，鸽子惊飞不回巢。

家家户户都观察，发现异常快报告。

除此之外，有些植物在震前也有

管天，下管地，中间管空气"，这的确有道理。地震之前，气象也常常出现反常。主要有：震前闷热，人焦灼烦躁，久旱不雨或霪雨绵绵，黄雾四塞，日光晦暗，怪风狂起，六月冰雹

异常反应，如不适季节的发芽、开花、结果或大面积枯萎与异常繁茂等。

（3）气象异常

通常，人们在形容地震预报科技人员的时候，总是喜欢这样描述："上

等等。如：浮云在天空呈极长的射线状，射线中心指向的位置就是中心地震的位置，这样的射线很容易被人们观察到，因此，凭借射线的足迹我们可以很容易的预测到地震的迹象。

（4）地声异常

地声是地下岩石的结构、构造及其所含的液体、气体运动变化的结果，有相当大部分地声是临震征兆。在地震发生之前出现的地声异常是指地震前来自地下的声音。其声有如炮响雷鸣，也有如重车行驶、大风鼓荡等多种多样。当地震发生时，有纵波从震源辐射，沿地面传播，使空气振动发声，由于纵波速度较大但势弱，人们只闻其声，而不觉地动，需横波到后才有动的感觉。所以，震中区往往有"每震之先，地内声响，似地气鼓荡，如鼎内沸水膨涨"的记载。如果在震中区，3级地震往往可听到地声。地声知识可以帮助人们更好的预测地震的发生，从而有效地减少地震带来的人员伤亡及财产损失。

（5）地光异常

地震前来自地下的光亮叫做地光异，地光的颜色多种多样，可见到日常生活中罕见的混合色，如银蓝色、白紫色等，但以红色与白色为主；其形态也各异，有带状、球状、柱状、弥漫状等。一般地光出现的范围较大，多在震前几小时到几分钟内出现，一

般持续几秒钟。我国海城、龙陵、唐山、松潘等地震时及地震前后都出现了丰富多彩的发光现象。地光多伴随地震、山崩、滑坡、塌陷或喷沙冒水、喷气等自然现象同时出现，常沿断裂带或一个区域作有规律的迁移，且与其他宏观微观异常同步，其成因总是与地壳运动密切相关。且受地质条件及地表和大气状态控制，能对人或动、植物造成不同程度的危害。

目前我们所掌握的地光异常报告，都在震前几秒钟至1分钟左右。如海城地震，澜沧、耿马地震等都搜集到了类似的报告。

（6）地气异常

地气异常指地震前来自地下的雾气，又称地气雾或地雾。这种雾气，具有白、黑、黄等多种颜色，有时无色，常在震前几天至几分钟内出现，常伴随怪味，有时伴有声响或带有高温。

（7）地动异常

地动异常是指地震前地面出现的

晃动。地震时地面剧烈振动，是众所周知的现象。但地震尚未发生之前，有时感到地面也在晃动，这种晃动与地震时不同，摆动得十分缓慢，地震仪常记录不到，但很多人可以感觉得到。最为显著的地动异常出现于1975年2月4日海城7.3级地震之前，从1974年12月下旬到1975年1月末，在丹东、宽甸、凤城、沈阳、岫岩等地出现过17次地动。

（8）地鼓异常

地鼓异常指地震前地面上出现鼓包。1973年2月6日四川炉霍7.9级地震前约半年，甘孜县拖坝区一草坪上出现一地鼓，形状如倒扣的铁锅，高20厘米左右，四周断续出现裂缝，鼓起几天后消失，反复多次，直到发生地震。与地鼓类似的异常还有地裂缝、地陷等。

（9）电磁异常

电磁异常指地震前家用电器如收音机、电视机、日光灯等出现的异常。最为常见的电磁异常是收音机失灵，

在北方地区日光灯在震前自明也较为常见。1976年7月28日唐山7.8级地震前几天，唐山及其邻区很多收音机失灵，声音忽大忽小，时有时无，调频不准，有时连续出现噪音。同样是唐山地震前，市内有人见到关闭的荧光灯夜间先发红后亮起来，北京有

人睡前关闭了日光灯，但灯仍亮着不息。

电磁异常还包括一些电机设备工作不正常，如微波站异常、无线电厂受干扰、电子闹钟失灵等。

地震宏观异常在地震预报尤其是短临预报中具有重要的作用，1975年辽宁海城7.3级地震和1976年松潘、平武7.2级地震前，地震工作者和广大群众曾观察到大量的宏观异常现象，为这两次地震的成功预报提供了重要资料。不过也应当注意，上面所列举的多种宏观现象可能由多种原因造成，不一定都是地震的预兆。例如：井水和泉水的涨落可能和降雨的多少有关，也可能受附近抽水、排水和施工的影响，井水的变色变味可能因污染引起，动物的异常表现可能与天气变化、疾病、发情、外界刺激等有关，还要注意不要把电焊弧光、闪电等误认为地光，不要把雷声误认为地声，不要把燃放烟花爆竹和信号弹当成地下冒火球。

一旦发现异常的自然现象，不要轻易作出马上要发生地震的结论，更不要惊慌失措，而应当弄清异常现象出现的时间、地点和有关情况，保护好现场，向政府或地震部门报告，让地震部门的

专业人员调查核实，弄清事情真相。

●●地震的微观异常

人的感官无法觉察，只有用专门的仪器才能测量到的地震异常称为地震的微观异常，主要包括以下几类：

地震活动异常：大小地震之间有一定的关系。大地震虽然不多，中小地震却不少，研究中小地震活动的特点，有可能帮助人们预测未来大震的发生。

地形变异常：大地震发生前，震中附近地区的地壳可能发生微小的形变，某些断层两侧的岩层可能出现微小的位移，借助于精密的仪器，可以测出这种十分微弱的变化，分析这些资料，可以帮助人们预测未来大震的发生。

地球物理变化：在地震孕育过程中，震源区及其周围岩石的物理性质可能出现一些变化，利用精密仪器测定不同地区重力、地电和地磁的变化，也可以帮助人们预测地震。

地下流体的变化：地下水（井水、泉水、地下岩层中所含的水）、石油和天然气、地下岩层中还可能产生和贮存一些其他气体，这些都是地下流体。用仪器测定地下流体的化学成份和某些物理量，研究它们的变化，可以帮助人们预测地震。

地震的监测和预测

虽然地震在瞬间发生，但有其一定的地质构造条件和一定孕育过程，并有一定的前兆反应，因此经过努力，是可以监测和预防的。现代科学技术的进步和经济的发展，使人类在掌握和应用防震减灾技术方面，不断取得进步。建立在地震监测和预报基础上的震灾防御，就是实现地震减灾的最

基本途径。因此，地震监测和预测成为社会的一项强烈需求。地震监测和预防既是人类面临的最古老的问题，也是全球性的科学难题。

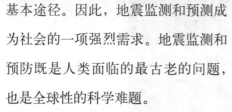

地震监测技术

地震监测和预测之所以是世界公认的科学难题，是因为人类对地球内部的探测能力还相当有限。"上天容易入地难"，人类可以登上月球，但用现代高尖端的科技装备钻探到地下10千米，都有很大难度。面对破坏力极大的地震灾害，科学家们并没有退却，他们为了预防地震可能给人类

造成的危害，一直都在努力监测地震，并希望能像天气预报那样预报地震。

造成地震的基本原因很多，但主要原因是地壳运动，地下岩石受到力的挤压发生破裂，引起震动。地震前，岩石受到力的作用加大时，那里的温度、磁性、导电性和传播地震波的性能都会随之发生变化，致使在地震来临之前，常常会出现各种各样的征兆。其中有很多是日常生活中我们感受到的，如动物行为反常，出现异常声光现象，大震前的小震活动，水质水文发生剧烈变化等等。从而，人们可以通过感官或仪器，直接或间接地获取

各种信息，预测地震的发生。

地震部门对地震的监测可归纳为震动监测、地震形变监测、地震地球

物理场监测和地震地下水体监测四大技术，同时又可重点分为微震、强震、地磁、地电、地形变、地应力、地下水位和地下水化学等8种监测手段。这些技术很像医院里开设的内科、外科、骨科等，各司其职，又互相联系。

震动监测技术，专门负责记录地下大大小小破裂引起的震动。1000多年前张衡发明的候风地动仪，就是这种震动监测技术的最早应用。当年，它在洛阳就准确记录到了当地人们并没有察觉的远在千里之遥的陇西大地震。现在的地震仪比过去完善多了，采用先进的电子反馈技术和卫星通讯技术以及计算机技术，形成一种叫"宽频带、大动态、高精度数字化地震仪"。这种地震仪可记录小到1级以下的微震、大到8级以上的巨震，而且还可以绘出完整的地震波形。目前，我国对全球发生的大于7级、邻国大于6级、国内大于5级、首都圈地区大于4级的地震，在发生以后15分钟就可以准确地给出地震的震级、位置、时间和

深度，为人们减轻地震灾害的损失争取了时间。

地震形变监测技术，专门负责监测地球上板块的运动、断层的移动，尤其是一些重点地震区地下应力应变的微小变化，都逃不掉这种监测的"眼睛"。如1975年辽宁海城地震前，金县水准测量站就发现地壳出现显著性变化，为这次地震的成功预报立下大功。在大地形变监测中，我国利用遥感卫星热红外图像进行监测，这项技术通过对卫星遥感热红外图像进行分析，找出红外异常与地震发生的关系户，建立模型，从而使卫星在地震预报应用中发挥了新作用。地理系统（CIS）、遥感展的高科技项目，它们的建立和完善将把我国的地震监测推向更高的水平。

地震地球物理场监测技术，专门负责监测地球的重力场、电场、磁场、应力场、温度场等变化。众所周知，地震发生在地壳内，但地震的能

量是由地球岩石层的构造运动、地幔物质的迁移、地核高压高温物质的热运动所提供的。在地震断层发生错动的前前后后，必然伴随大量的这些物理场的剧烈变化，这些变化的信息就是通过地震地球物理场监测技术而获得的。

地震地下水体监测技术，专门负责监测地下水的水位、水中氡、水中汞等放射性元素的变化。地球深部富含流体（以水为主体），对于地下的各种物理、化学变化和构造运动起很大作用。国外有不少地震的震前，发现水位有明显的向震中趋近的变化，而且震中附近的氡等含量大幅度跳跃。

◆◇世界各国的地震监测

20 世纪 60 年代初期，智利、美国和日本相继遭受巨大的地震灾害。紧接着，我国发生 1966 年河北邢台 6.8 级、7.2 级大地震，死伤近 5 万人。重大的地震灾害激起了社会和公众对地震预报的强烈需求。同时，随着这一时期科学技术的大发展，也为地震监测和预报研究提供了科学基础。因此，从 20 世纪 60 年代中期开始，世界一些地震频繁的国家，相继开展了有计划的地震监测和预报研究。

其中，美国于 1964 年组织了一批有声望的地震科学家，拟定了地震监测预报的研究规划，开展了与地震孕育、发生相关的地震活断层调查、地震前兆观测和地震孕育理论等地震监测预报研究，并于 20 世纪 80 年代在加利福尼亚州的帕克菲尔德地震区建立了地震监测预报实验场。1964年，日本政府开始推行地震监测预报研究的第一个 5 年计划。到 1994 年的第 7 个地震预报 5 年计划时，其重

点是地震监测预报实用化和确定地震监测预报方法、提高地震监测预报精度的观测研究，并加强地震监测预报的基础研究和新技术开发。苏联则从20世纪60年代初开始，在中亚远东地区建立了一系列地震监测预报实验场，开展地震监测预报的现场院研究和基础性的实验理论研究。

我国的地震监测预报，是从1966年河北邢台大地震之后，以邢台地震现场为发源地，在全国范围内逐步发展起来的。科学家们发现，地震活动在时间上往往具有高潮和低潮交替的特性。1966年邢台地震，揭开了20世纪我国第4个地震活动高潮。此高潮从邢台地震开始，整整持续了10年。10年间，我国大陆地区共发生了14次7级以上地震，其中12次发生在华北北部和西南川滇地区。

强烈地震造成了严重的灾害，但同时也为地震监测预报的科学发展提供了前所未有的有利条件。由政府直接组织，地震研究人员开始在广大地震区内，建立地震台站，发展监测系统，开展分析研究，进行预报实践。到20世纪90年代初，

我国大陆建立了规模宏大的地震观测系统。

这个系统包括地震学、地磁、地电、重力、地壳形变、应力应变、地下水动态、水化学、地热、电磁波等学科的地震监测台网。其中包括400多个测震台站、20个区域遥测台网、170多项地震前兆观测，此外还有流动重力、地磁和形变观测。这个系统覆盖面之广，方法手段之多，建设规模之大，都是世界少有的。它不仅为地震科学研究乃至地球科学的发展提供了大量宝贵的基础资料，而且为我国地震监测预报的发展打下了重要基础。在广泛监测的基础上，自1966年以来，在台网监测范围内已获得100多次5级以上地震的震例资料。在这些震例中，取得的地震活动、地壳形变、地下水、水化学、地电、地磁、重力以及各种宏观异常等多种前兆异

常上千条。通过对这些实际资料的综合研究，为逐步认识地震孕育过程和

监测预报分为长、中、短、临四个阶段，其中长期监测预报是数年至一二十年

孕震过程中不同阶段的前兆表现提供了科学实践的基础，为地震监测预报提供了实际经验、实际资料和科学依据。

在实际震例和实验室研究结合的基础上，科学家把地震孕育和相应的

的地震形势预测；中期监测预报是1年至数年内地震危险区及其地震强度预测；短期监测预报是震前半个月至数月的地震监测预报；临震监测预报则是几天至十几天的地震监测预报。

经过长期坚持不懈的努力，我国

广大地震科技工作者初步探索了阶段性孕震过程的物理意义，各阶段预报工作的内容、程序和预报依据，逐步建立了长、中、短、临诸阶段渐进式预报的方法，使预报随地震孕育过程的发展，在空间上由大到小，在时间上由远及近，在危险程度上由粗到细，以逐步逼近的方式，向地震发生的实际时间、地点、强度靠近。

虽然我国的地震监测预报研究有了较大的发展，但从根本上说，我国与世界各国一样，当前的地震监测预报尚处于低水平的探索阶段，而且与美国、日本等先进国家相比，我国在地震观测技术的先进性方面，在地震监测预报的基础理论研究方面尚有一定的差距。但我国在地震震例资料和现场预报经验的积累方面具有一定的优势，频繁发生的 5 级以上的（即中强以上）地震为我国的科技工作者提供了较多的试验预报和实践机会。

在充分合理地应用我国多年来积累的地震监测预报经验的基础上，我国对某些地震作了一定程度的预报。20 世纪 70 年代中叶以来，我国以 1975 年辽宁海城 7.3 级地震、1997 年新疆伽师强震群中 4 月和 6 日的 6.3 级、6.4 级等地震进行了较成功的预

令人谈之色变的
地震灾害

报，这些预报不仅仅是某些科学院家或某种预测方法的预测成果，而是按国家有关地震监测预报的规定，由地震所在省地震局的分析预报部门汇总多种资料作出短临预报综合预测，并报省级人民政府，由政府向社会和公众发布并取得社会防震减灾效益的成功的预报。

当然，需要特别强调的是上述较成功的预报，在众多地震中只占很少的比例。而有地震无预报（常称漏报）、有预报无地震（即虚报）以及错报（时间不对，地点不对、震级差得太大）的情况都远于成功的预报。然而，就是这些少量的成功预报的先例已向人类展示了地震监测预报的希望之光。

从整个世界看，40多年来，各国在地震活动特点和规律的研究方面，在地震和地壳构造关系的调查和地震前兆观测等方面都有许多重要的进展，取得了一系列有意义的科学认识。但从总体上讲，40多年的科学进展与实现地震监测预报的科学目标之间还存在很大距离。正如美国地震学会会长、地震监测预报评估委员会主席克拉伦斯·艾伦在评定地震监测预报进展情况时所说："地震监测预报的进展要比初期预料的缓慢得多，地震监测预报的科学难度要比原先预料的困难得多。"

我们对地震孕育发生的原理、规律有所认识，但还没有完全认识；我们能够对某些类型的地震做出一定程度的预报，但还不能预报所有的地震，我们作出的较大时间尺度的中长期预报已有一定的可信度，但短临预报的成功率还相对较低。

我国的地震预报由于国家的重视

◆◆中国地震预报

我国目前的地震预报水平的状况，大体可以这样概括：

和其明确的任务性，经过一代人的努力，已居于世界先进行列。在第四个地震活跃期内，曾成功地对海城等几次大地震做过短临预报，因此经联合国科教文组织评审，作为唯一对地震作出过成功短临预报的国家，被载入史册。

但是从世界范围说，地震预报仍处于探索阶段，尚未完全掌握地震孕育发展的规律，我们的预报主要是根据多年积累的观测资料和震例，进行经验性预报。因此，不可避免地带有很大的局限性。为此，《中华人民共和国防震减灾法》第十六条规定：国家对地震预报实行统一发布制度。

地震短期预报和临震预报，由省、自治区、直辖市人民政府按照国务院规定的程序发布。

任何单位或者从事地震工作的专业人员关于短期地震预测或者临震预测的意见，应当报国务院地震行政主管部门或者县级以上地方人民政府负责管理地震工作的部门或者机构按照前款规定处理，不得擅自向社会扩散。

在我国，地震预报的发布权在政府。属于地震系统的任何一级行政单位、研究单位、观测台站、科学家和任何个人，都无权发布有关地震预报的消息。

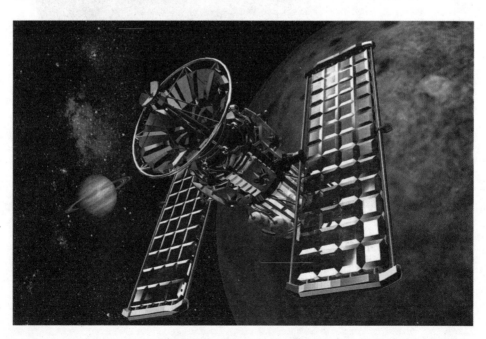

第六章

地震的防救知识

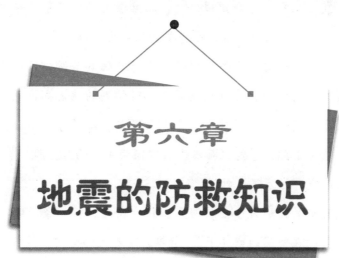

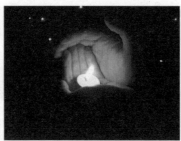

震后很有可能会出现余震，而且余震的位置未必是震源很近的位置。自救是地震后很重要的措施之一。

地震发生时，至关重要的是要有清醒的头脑，镇静自若的态度。只有镇静，才有可能运用平时学到的地震知识判断地震的大小和远近。近震常以上下颠簸开始，之后才左右摇摆。远震却少上下颠簸感觉，而以左右摇摆为主，而且声脆，震动小。一般小震和远震不必外逃。

日本的《地震手册》避震知识十条中，第一条就明确的写着"要躲在坚固的家具下"。所以，日本教师坚信，最好的办法是"藏在桌下"。这个想法是以日本地震多在数十秒后结束，天花板不会落下为前提的。

建筑物天花板因强震倒塌时，会将桌床等家具压毁，人如果躲在其中，后果不堪设想，如果人以低姿势躲在家具旁，家具可以先受倒塌物品的重力和压力，让一旁的人取得生存空间。

开车时遇到地震，也要赶快离开车子，很多地震时在停车场丧命的人，都是在车内被活活压死，在两车之间的人，却毫发未伤。强烈地震发生时，如果你正在停车场，千万不要留在车内，以免垮塌下来的天花板压扁汽车，造成伤害；应该以卧姿躲在车旁，掉落的天花压在车上，不致直接撞击人身，可能形成一块"生存空间"，增加存活机会。本章将简要地介绍一些地震防预知识。

避震的基本常识

●●避震要点

　　震时是跑还是躲，我国多数专家认为：震时就近躲避，震后迅速撤离到安全地方，是应急避震的较好办法。避震应选择室内结实、能掩护身体的物体下（旁）、易于形成三角空间的地方，开间小、有支撑的地方，四处开阔、安全的地方。

身体应采取的姿势：

伏而待定，蹲下或坐下，尽量蜷曲身体，降低身体重心。

抓住桌腿等牢固的物体。

保护头颈、眼睛，掩住口鼻。

避开人流，不要乱挤乱拥，不要随便点明火，因为空气中可能有易燃易爆气体。

令人谈之色变的 地震灾害

●●地震时的十条须知

地震虽然目前是人类无法避免和控制的，但只要掌握一些技巧，也是可以从灾难中将伤害降到最低的。

（1）为了自己和家人的人身安全请躲在桌子等坚固家具的下面

大地震的晃动时间约为1分钟左右。这时应顾及的是自己与家人的人身安全。首先，在重心较低且结实牢固的桌子下面躲避，并紧紧抓牢桌子腿。在没有桌子等可供藏身的场合，无论如何，也要用坐垫等物保护好头部。

（2）摇晃时立即关火，失火时立即灭火

大地震时，也会有不能依赖消防车来灭火的情形。因此，我们每个人关火、灭火的这种努力，是能否将地震灾害控制在最小程度的重要因素。

为了不使火灾酿成大祸，家里人自不用说，左邻右舍之间互相帮助，厉行早期灭火是极为重要的。地震的时候，关火的机会有三次：

第一次机会是在大的晃动来

临之前的小的晃动之时。在感知小的
晃动的瞬间，即刻互相招呼："地震！
快关火！"，关闭正在使用的取暖炉、
煤气炉等。

　　第二次机会是在大的晃动停息的
时候。在发生大的晃动时去关火，放
在煤气炉、取暖炉上面的水壶等滑落

下来，那是很危险的。大的晃动停息
后，再一次呼喊："关火！关火！"，
并去关火。

　　第三次机会是在着火之后。即便
发生失火的情形，在 1 ～ 2 分钟之内，
还是可以扑灭的。为了能够迅速灭火，
请将灭火器、消防水桶经常放置在离

用火场所较近的地方。

（3）不要慌张地向户外跑

地震发生后，慌慌张张地向外跑，碎玻璃、屋顶上的砖瓦、广告牌等掉下来砸在身上，是很危险的。此外，水泥预制板墙、自动售货机等也有倒塌的危险，不要靠近这些物体。

（4）将门打开，确保出口

钢筋水泥结构的房屋等，由于地震的晃动会造成门窗错位，打不开门，曾经发生有人被封闭在屋子里的事例。请将门打开，确保出口。

平时要事先想好万一被关在屋子里，如何逃脱的方法，准备好梯子、绳索等。

（5）户外的场合，要保护好头部，避开危险之处

当大地剧烈摇晃，站立不稳的时候，人们都会有扶靠、抓住什么的心理。身边的门柱、墙壁大多会成为扶

靠的对象。但是，这些看上去挺结实
牢固的东西，实际上却是危险的。

在 1987 年日本宫城县海底地震
时，由于水泥预制板墙、门柱的倒塌，
曾经造成过多人死伤。务必不要靠近
水泥预制板墙、门柱等躲避。

在繁华街、楼区，最危险的是玻
璃窗、广告牌等物掉落下来砸伤人。
要注意用手或手提包等物保护好头
部。

此外，还应该注意自动售货机翻
倒伤人。

在楼区时，根据情况，进入建筑
物中躲避比较安全。

（6）在百货公司、剧场时依工作
人员的指示行动

在百货公司、地下街等人员较
多的地方，最可怕的是发生混乱。
应当依照商店职员、警卫人员的指
示来行动。

就地震而言，地下街是比较安
全的。即便发生停电，紧急照明电
也会即刻亮起来，应当保持镇静并

采取行动。

如发生火灾，即刻会充满烟雾。
以压低身体的姿势避难，并做到绝对
不吸烟。

在发生地震、火灾时，不能使用
电梯。万一在搭乘电梯时遇到地震，
将操作盘上各楼层的按钮全部按下，
一旦停下，迅速离开电梯，确认安全

后避难。

高层大厦以及近来的建筑物的电梯，都装有管制运行的装置。地震发

生时，会自动的动作，停在最近的楼层。万一被关在电梯中的话，请通过电梯中的专用电话与管理室联系、求助。

（7）汽车靠路边停车，管制区域禁止行驶

发生大地震时，汽车会像轮胎泄了气似的，无法把握方向盘，难以驾驶。必须充分注意，避开十字路口将车子靠路边停下。为了不妨碍避难疏散的人和紧急车辆的通行，要让出道路的中间部分。

都市中心地区的绝大部分道路将会全面禁止通行。充分注意汽车收音机的广播，附近有警察的话，要依照其指示行事。

有必要避难时，为不致卷入火灾，请把车窗关好，车钥匙插在车上，不要锁车门，并和当地的人一起行动。

（8）务必注意山崩、断崖落石或海啸

在山边、陡峭的倾斜地段，有发生山崩、断崖落石的危险，应迅速到安全的场所避难。

在海岸边，有遭遇海啸的危险。感知地震或发出海啸警报的话，请注意收音机、电视机等的信息，迅速到安全的场所避难。

（9）避难时要徒步，携带物品应在最少限度

因地震造成的火灾，蔓延燃烧，出现危机生命、人身安全等情形时，采取避难的措施。避难的方法，原则上以市民防灾组织、街道等为单位，在负责人及警察等带领下采取徒步避难的方式，携带的物品应在最少限度。绝对不能利用汽车、自行车避难。

对于病人等的避难，当地居民的合作互助是不可缺少的。从平时起，邻里之间有必要在事前就避难的方式等进行商定。

（10）不要听信谣言，不要轻举妄动

在发生大地震时，人们心理上易产生动摇。为防止混乱，每个人依据正确的信息，冷静地采取行动，极为重要。可以从携带的收音机等中，把握正确的信息。相信从政府、警察、消防等防灾机构直接得到的信息，决不轻信不负责任的流言蜚语，不要轻

举妄动。

◆◆平时准备工作

（1）家中安全对策要保证万无一失

平时的准备工作，是将受害控制在最小程度。

对大衣柜、餐具柜厨、电冰箱等做好固定、防止倾倒的措施。

在餐具柜厨、窗户等的玻璃上粘上透明薄膜或胶布，以防止玻璃破碎时四处飞溅。

为防止因地震的晃动造成柜厨门敞开，里面的物品掉出来，在柜厨、壁橱的门上安装合叶加以固定。

不要将电视机、花瓶等放置在较高的地方。

为防止散乱在地面上玻璃碎片伤人，平时准备好较厚实的拖鞋。

注意家具的摆放，确保安全的空间。

充分注意煤油取暖炉等用火器具

及危险品的管理和保管。

加固水泥预制板墙，使其坚固不易倒塌。

（2）准备好紧急备用品

紧急备用品包括：饮用水、食品、婴儿奶粉、急救医药品、便携式收音

机、手电筒、干电池、现金、贵重品、内衣裤、毛巾、手纸等。

（3）从平时起，建立邻里互助的协作体制

发生大地震时，可以预计在广大区域造成巨大灾害。在这种情况下，消防车、救护车不可能随叫随到。所以，有必要从平时起通过街道等组织，与当地居民进行交流，建立起应付发生火灾、伤员时的互助协作体制。

从平时起，邻里之间应就一旦有事时互助协作体制进行商谈。

积极参加市民防灾组织。

积极参加防灾训练。

◆◆临震应急准备

在已发布破坏性地震临震预报的地区，应做好以下几个方面的应急工作：

（1）备好临震急用物品

地震发生之后，食品、医药等日常生活用品的生产和供应都会受到影响水塔、水管往往被震坏，造成供水中断。为能度过震后初期的生活难关，临震前社会和家庭都应准备一定数量的食品、水和日用品，以解燃眉之急。

（2）建立临震避难场所

住的问题也是一件大事。房舍被震坏，需要有安身之处；余震不断发生，要有一个躲藏处。这就需要临时搭建防震、防火、防寒、防雨的防震棚。各种帐篷都可以利用，农村储粮的小圆仓，也是很好的抗震房。

（3）划定疏散场所，转运危险物品

城市人口密集，人员避震和疏散比较困难，为确保震时人员安全，震前要按街、区分布，就近划定群众避震疏散路线和场所。震前要把易燃、易爆和有毒物资及时转运到城外存放。

（4）设置伤员急救中心

在城内抗震能力强的场所，或在城外设置急救中心，备好床位、医疗器械、照明设备和药品等。

（5）暂停公共活动

得到正式临震预报通知后，各种公共场所应暂停活动，观众或顾客要

有秩序地撤离；中、小学校可临时在室外上课；车站、码头可在露天候车。

（6）组织人员撤离并转移重要财产

如果得到正式临震警报或通知，要迅速而有秩序地动员和组织群众撤离房屋。正在治疗的重病号要转移到安全的地方。对少数思想麻痹的人，

也要动员到安全区。农村的大牲畜、拖拉机等生产资料，临震前要妥善转移到安全地带，机关、企事业单位的车辆要开出车库，停在空旷地方，以便在抗震救灾中发挥作用。

（7）防止次生灾害的发生

城市发生地震可能出现严重的次生灾害，特别是化工厂、煤气厂等易

发生地震次生灾害的单位，要加强鉴测和管理，设专人昼夜站岗和值班。

（8）确保机要部门的安全

城市内各种机要部门和银行较多，地震时要加强安全保卫，防止国有资产损失和机密泄漏。消防队的车辆必须出库，消防人员要整装待发，以便及时扑灭火灾，减少经济损失。

（9）组织抢险队伍，合理安排生产

临震前，各级政府要就地组织好抢险救灾队伍（救人、医疗、灭火、供水、供电、通信等）。必要时，某些工厂应在防震指挥部的统一指令下暂停生产或低负荷运行。

（10）做好家庭防震准备

在已发布地震预报地区的居民须做好家庭防震准备，制定一个家庭防震计划，检查并及时消除家里不利防震的隐患。

检查和加固住房。对不利于抗震的房屋要加固，不宜加固的危房要撤离。对于笨重的房屋装饰物如女儿墙、高门脸等应拆掉。

合理放置家具、物品。固定好高大家具，防止倾倒砸人，牢固的家具下面要腾空，以备震时藏身；家具物品摆放做到"重在下，轻在上"，墙上的悬挂物要取下来成固定位，防止掉下来伤人；清理好杂物，让门口、楼道畅通；阳台护墙要清理，拿掉花盆、杂物；易燃易爆和有毒物品要放在安全的地方。

准备好必要的防震物品。准备一个包括食品、水、应急灯、简单药品、绳索、收音机等在内的家庭防震包，放在便于取到的地方。

进行家庭防震演练、进行紧急撤离与疏散练习以及"一分钟紧急避险"练习。

不同场合下的避震方法

◆●学校避震

强烈地震发生后，学校是容易受灾害的地方，特别是中小学。所以应急时的学习地震相关知识。

（1）地震预警时间短暂，室内避震更具有现实性，而室内房屋倒塌后

形成的三角空间，往往是人们得以幸存的相对安全地点，可称其为避震空间。这主要是指大块倒塌体与支撑物构成的空间。室内易于形成三角空间的地方是：坚固家具附近；内墙墙根、墙角；厕所、储藏室、楼梯间等开间小的地方。

(2) 在一楼的老师要瞬时抉择，珍惜12秒自救机会。地震发生时，人们能感觉到并受其害的主要有两种地震波，即P波(纵波)和S波(横波)。P波运动速度最快，传播速度每秒钟8～9千米，最先到达地面。在震中区，P波使人感到的是上、下颠簸，造成的破坏不大，是给人们地震发生了的信号。S波的运动速度比P波慢，通常平均每秒钟4～5千米，是继P波后到达地表的破坏性极大的波。它使人感觉到的是前后左右摇晃以及建筑物等的倒塌，是直接危害人们生命财产安全的波。因此，自我救助主要是在P波到达地面后的数秒钟之内的事。当P波到达时，应立即反应意识到

是地震发生了。苦能在横波到达并造成破坏之前的十几秒内迅速避到安全

集中，最好留出通道。震后应有序地迅速撤离，转移到安全地带。在楼上

处，就给人们提供了最后一次自救机会。一般称为12秒自救机会。

（3）正在上课时，要在教师指挥下躲避在课桌下、讲台旁，迅速抱头、闭眼。尽量卷曲身体，降低身体中心。尽可能离开外墙和玻璃墙，避开天花板上的悬吊物，如吊灯等。内墙墙角处也可暂避。人员应当分散不要过于

教室内的同学千万不要跳楼！不要站在窗外！不要到阳台上去！更不要一窝蜂似的挤向楼梯，这样会产生很多不必要的伤亡。

（4）在室内无论在何处躲避，都要尽量用书包或其他软物体保护头部，这等于给自己戴了一个软头盔。

（5）在操场或室外时，可原地不

动蹲下，双手保护头部，注意避开高大建筑物或危险物。要迅速离易爆和易燃及有毒气体储存的地域，避险时要远离高楼、大烟筒、高压线以及峭壁、陡坡，不要在狭窄的巷道中停留。

（6）地震发生后没有总指挥同意不要回到倒塌的教室去，以免余震伤人。

◆◆◆**家庭避震**

（1）抓紧时间紧急避险。如果感觉晃动很轻，说明震源比较远，只需躲在坚实的家具底下就可以。大地震从开始到振动过程结束，时间不过十几秒到几十秒，因此抓紧时间进行避震最为关键，不要耽误时间。

（2）选择合适避震空间。室内较

安全的避震空间有：承重墙墙根、墙角；有水管和暖气管道等处。屋内最不利避震的场所是：没有支撑物的床上；吊顶、吊灯下；周围无支撑的地板上；玻璃（包括镜子）和大窗户旁。

（3）做好自我保护。首先要镇静，选择好躲避处后应蹲下或坐下，脸朝下，额头枕在两臂上；或抓住桌腿等身边牢固的物体，以免震时摔倒或因身体失控移位而受伤；保护头颈部，低头，用手护住头部或后颈；保护眼

睛，闭眼，以防异物伤害；保护口、鼻，有可能时，可用湿毛巾捂住口、鼻，以防灰土、毒气。

◆◆公共场所避震

在群众集聚的公共场所遇到地震时，最忌慌乱，否则将造成秩序混乱，相互压挤而导致人员伤亡，而应有组织地从多路口快速疏散。

（1）如果在影剧院、体育馆等处遇到地震，要沉着冷静，特别是当场内断电时，不要乱喊乱叫，更不得乱挤乱拥，应就地蹲下或躲在排椅下，注意避开吊灯、电扇等悬挂物，用皮包等物保护头部，等地震过后，听从工作人员指挥，有组织地撤离。

（2）地震时，如在商场、书店、展览馆等处，应选择结实的柜台、商品（如低矮家具等）或柱子边，以及内墙角处就地蹲下，用手或其他东西护头，避开玻璃门窗和玻璃橱窗，也可在通道中蹲下，等待地震平息，有秩序地撤离出去。

（3）正在上课的学生，要在老师的指挥下迅速抱头、闭眼，躲在各自的课桌下，绝不能乱跑或跳楼。地震后，有组织地撤离教室，到就近的开阔地带避震。

(4) 地震时，如果正在进行比赛的体育场，应立即停止比赛，稳定观众情绪，防止混乱拥挤，有组织有步骤地向体育场外疏散。

◆◆◆户外及野外避震

在户外要就近选择开阔地带避震，蹲下或趴下以免摔倒，不要乱跑，避开人多的地方，不要随便返回室内。要注意避开高大建筑物或构筑物，比如楼房，特别是有玻璃幕墙的楼房，还有立交桥、烟囱和水塔等。

在户外避震时，要注意避开高耸物、悬挂物等危险物体，比如变压器、电线杆和路灯，以及广告牌和吊车等。还要注意避开其他危险场所，比如狭窄的街道、危旧房屋和围墙，砖瓦和木料等堆放处。

在野外避震时，要注意避开陡峭的山坡和山崖等，以防发生山崩、地裂、滚石、滑坡和泥石流等次生灾害。遇到山崩、滑坡等发生时，要向垂直于滚石的方向逃跑，千万不能顺着滚石的方向往山下跑。要迅速寻找开阔且不会受崩塌、滑坡等影响的地方避灾。

特殊情况下的救助方法

◆◆震后自救

自救与互救在抗震救灾中有极端重要的意义，无论有无救援力量到达，灾民自救都是不可缺少的救生措施。据部分资料统计，自救与互救的脱险率可达 40% ~ 80%。

地震时如被埋压在废墟下，周围又是一片漆黑，只有极小的空间，一定不要惊慌，要沉着，树立生存的信心，相信会有人会来营救，要千方百计保护自己。

地震后，往往还有多次余震发生，处境可能继续恶化，为了免遭新的伤害，要尽量改善自己所处环境。此时，如果应急包在身旁，将会为脱险起到很大作用。

在这种极不利的环境下，首先要保护呼吸畅通，挪开头部、胸部的杂物，闻到煤气、毒气时，用湿衣服等物捂住口、鼻；避开身体上方不结实的倒塌物和其他容易引起掉落的物体；扩大和稳定生存空间，用砖块、木棍等支撑残垣断壁，以防余震发生后，环境进一步恶化。

设法脱离险境。如果找不到脱离险境的通道，尽量保存体力，用石块

敲击能发出声响的物体，向外发出呼救信号，不要哭喊、急躁和盲目行动，这样会大量消耗精力和体力，尽可能控制自己的情绪或闭目休息，等待救援人员到来。如果受伤，要想办法包扎，避免流血过多。

维持生命。如果被埋在废墟下的时间比较长，此时救援人员未到，或者又没有听到呼救信号，就要想办法维持自己的生命，防震包的水和食品一定要节约，尽量寻找食品和饮用水，必要时自己的尿液也能起到解渴作用。

◆◆●震后互救

地震后救人，时间就是生命。因此，救人应当先从最近处救起，不论是家人、邻居、工作岗位上的同事，或是萍水相逢的路人，只要是近处有人被埋压，就要先救他们，这样可以争取时间，减少伤亡。震后救人的原则是：

（1）在互救过程中，要有组织，讲究方法，避免盲目图快而增加不应有的伤亡。首先通过侦听、呼叫、询问及根据建筑物结构特点，判断被埋人员的位置，特别是头部方位，在开挖施救中，最好用手一点点拨，不可用利器刨挖。

问：就是询问震时一起的亲友、同志和当地熟人，指出伤员的位置，了解当地的街道情况，建筑物分布情况。

听：就是贴耳侦听伤员的呼救声和呻吟声，一边敲打一边听，一边用手电照一边听。

看：就是仔细观察有没有露在外边的肢体血迹，衣服或其他迹象，特别注意门道、屋角、房前、床下等处。

探：就是在废墟空隙，或者排除障碍钻进去寻找伤员。这时要注意有无爬动的痕迹及血迹，以便寻找已经精疲力尽的遇难者。

喊：就是让当地熟人和伤员亲属呼喊遇难者姓名，细听有无应答之声。

通过以上五种方法，找到

伤员位置，然后再根据情况，采取适当的救援方法，这样就能很快地将伤员救出，并逐步减少震后伤亡情况。

（2）如伤势严重、不能自行出来的，不得强拉硬拖，应设法暴露全身，

查明伤情，施行包扎固定或急救。

（3）在互救中，应利用铲、铁杆等轻便工具和毛巾、被单、衬衣、木板等方便器材。

（4）挖掘时要分清哪些是支撑物，哪些是压埋阻挡物，应保护支撑物，清除埋压物，才能保护被压埋者赖以生存的空间不遭覆压。

（5）清除压埋物及钻凿、分割时，有条件的要泼水，以防伤员呛闷而死。

（6）对暂时无力救出的伤员，要使废墟下面的空间保护通风，递送食品，静等时机再进行营救。

（7）在灾区的医护人员、民兵卫生骨干人员脱险后，能在当地救护工作中起重要的核心和骨干作用。要立即在马路口、废墟旁建成临时包扎点、医疗点，指导灾民自救互救，抢救出来的伤员应尽快包扎，并设法寻找药物、水和适当食物给以急救，然后转

移和治疗。轻灾区的灾民应有组织地立即赶赴重灾区实行互救。

◆◆◆**施救方法**

应根据震后环境和条件的实际情况，采取行之有效的施救方法，目的就是将被埋压人员，安全地从废墟中救出来。通过了解、搜寻，确定废墟中有人员埋压后，判断其埋压位置，向废墟中喊话或敲击等方法传递营救信号。营救过程中，要特别注意埋压人员的安全。震后救人，力求时间要快、目标准确、方法恰当，互救队伍不断壮大的原则。

（1）先救近处的人。不论家人、邻居，还是萍水相逢的路人，只要近处有人被埋就要先救他们，舍近求远，跑很多的路，往往错过救人的时机，造成不应有的损失。

（2）先救青壮年和医生等专业人员，这样可以让他们在救灾中发挥更

（4）先救生，后救"人"。唐山大地震时，丰南县一名妇女，每救一个人时，先把其头露出，使之能呼吸，立刻转救下一个，结果，她一个人在很短时间内救治了12个人。

（5）扒挖接近被埋压人时，不可使用利器，以免对被困人员造成伤害。扒挖时应尽早使封闭空间与外界沟通，以便新鲜空气注入；还可先将水、食物或药品送入以增强其生命力；扒挖过程中灰尘太大时，可喷水降尘，以免被救人员窒息。对难以扒挖者，可作一个记号，以

大更好的作用。

（3）先救容易救的人，这样可以加快救人速度，尽快扩大救人队伍。

利专业救助人员施救。在进行营救行动之前，要有计划、有步骤，哪里该挖，哪里不该挖，哪里该用锄头，哪

里该用棍棒，都要有所考虑。过去曾发生过救援人员盲目行动，踩塌被埋压者头上的房盖，砸死被埋人员，因此在营救过程中要有科学的分析和行动，才能收到好的营救效果，盲目行动，往往会给营救对象造成新的伤害。在唐山群众自救的同时，全国各地也火速派人星夜赶赴唐山参与了救助伤员的战斗。从地震发生当日7月28日至7月31日短短4天之内，各地奔赴唐山的救灾人员已达15万余人。其中人民解放军10万人。解放军队伍出发时，紧急行动没有带来应手的救灾工具，战士们硬是用手扒，用木棍撬，用绳子拉，用铁锤砸，救出了大批遇难群众。

世界地震之最

（1）世界上记录最早的地震见于北宋编的《太平御览》卷，其中地裂类共有15条，有5条明确谈到地震或地震裂缝。最末一条是："《墨子》曰：'三苗欲灭时，地震，泉涌。'"据考证，"三苗欲灭时"，

约是黄帝晚年（约公元前 2550 年），在黄帝族活动的地区发生了中华民族记录下来的世界上最早的地震记录。

（2）世界上最早的观测和记录地震的仪器——地动仪，是我国东汉时期著名科学家张衡于公元 132 年发明的。这台地动仪当时置于河南洛阳，记录了公元 138 年 3 月 1 日发生于千里之外的陇西地震。

（3）世界上发生的最大一次地震，是 1960 年 5 月 22 日南美洲智利发生的 8.9 级大地震。在这次地震前后短短的一天半时间内，7.0 级以上地震至少发生了 5 次，其中 3 次达到或超过 8.0 级。震中区几十万幢房屋大多破坏，有的地方在几分钟内下沉两米。在瑞尼赫湖区引起了 300 万方、600 万方和 3000 万方的三次大滑坡；滑坡填入瑞尼赫湖后，致使湖水上涨 24 米，造成外溢，结果淹没了湖东 65 公里处的瓦尔的维亚城，全城水深 2 米。大地震使 5700 人遇难，100 万人无家可归。这次地震还引起了巨大的海啸，在智利附近的海

面上浪高达 30 米。海浪以每小时 600 ～ 700 公里的速度扫过太平洋，抵达日本时仍高达 3 ～ 4 米，结果使得 1000 多所住宅被冲走，20000 多亩良田被淹没，800 人死亡，15 万人无家可归。

（4）世界上目前记录到的震源最深的地震是 1943 年 6 月 29 日印度尼西亚苏拉威西岛的地震。震源深度超过 300 公里的，称为深源地震。发生于苏拉威西岛东的地震，震源深度 720 公里，震级为 6.9 级。震源地震常常发生在太平洋中的深海沟附近。在马里亚纳海沟、日本海沟附近，都多次发生了震源深度达五六百公里的大地震。我国吉林和黑龙江省东部也发生过深源地震，如 1969 年 4 月 10 日发生在吉林省珲春南的 5.5 级地震，震源深度达到 555 公里。

（5）世界上死亡人数最多的地震。大约 1210 年 7 月，近东和地中海东部地区所有城市都遭到地震破坏，死亡人数最多，现有估算约达 110 万人。

陕西华县的 8.0 级地震造成的死亡人数比前者确凿一些，广大灾民病死、饿死，数百里山乡断了人烟，估计死亡 83 万余人。近代地震死亡人数的最高纪录是发生在 1976 年 7 月 28 日凌晨 3 点 42 分的中国唐山 7.8 级强烈地震，震中烈度为 11 度，总共死亡人数为 24.2 万人，重伤 16.4 万人。

（6）世界上第一次成功地预报 7 级以上强烈地震的是中国 1975 年 2 月 4 日 19 时 36 分发生在海城的 7.3 级地震。震源深度 16.21 公里，震中烈度为 9 度强。这次地震发生在经济发达、人口稠密的辽东半岛中南部。在地震烈度 7 度区域范围内，有鞍山、营口、辽阳三座较大城市，人口 167.8 万；还有海城、营口、盘山等 11 个县，人口 667 万。合计人口 834.8 万，其中城市人口占 20%，人口平均密度为每平方公里 1000 人左右。这次地震震中区面积为 760 平方公里，区内房屋及各种建筑物大多数倾倒和破坏，铁路局部弯曲，桥梁破坏，地面出现裂缝、陷坑和喷沙冒水现象，烟囱几乎全部破坏。根据有关部门的估计，海城地震的成功预报使可能导致超过 10 万人死亡递减到 1300 多人。在海城地震发生后，联合国确认海城地震预报为人类第一次，也是迄今为止唯一一次对强震作出的准确临震预报。

但是，人们仍然不得不面对一个残酷的现实：预测地震仍然是一个世界性的科学难题。

1556 年 1 月 23 日发生在中国